Erdbeeren

Gabriele Lehari

GARTEN-FIT

- Sorten und Anbau
- Fitness und Gesundheit
- Feine Rezepte

Ulmer

Inhalt

Inhalt

Inhalt

Erdbeeren – Genuss ohne Reue

Die Erdbeere gilt bei uns neben dem Apfel als das beliebteste Obst. Es gibt kaum Menschen, die nicht gerne Erdbeeren essen, und fast jeder sieht dem Beginn der Erdbeersaison jedes Jahr aufs Neue mit Freude entgegen. Ob im eigenen Garten angebaut, ob auf großen Erdbeerfeldern selbst gepflückt oder auf dem Wochenmarkt oder im Supermarkt frisch gekauft – Erdbeeren erfreuen sich bei Jung und Alt großer Beliebtheit.

Für Erdbeeren trifft im wahrsten Sinne des Wortes der Spruch zu: Genuss ohne Reue. Dank des niedrigen Brennwertes und des relativ hohen Gehaltes an Ballaststoffen, Vitaminen und Mineralstoffen ist die Erdbeere nicht nur lecker und gesund, man kann mit einer Erdbeerkur sogar auf schonende und vor allem angenehme Weise abnehmen – genau das Richtige, um fit für den Sommer zu werden.

Aber nicht nur der Körper, auch Seele und Gefühlsleben sollen von Erdbeeren positiv angeregt werden. Schon immer standen Erdbeeren in enger Beziehung zu den Liebesgöttinnen und sie waren sogar der Fruchtbarkeitsgöttin Freyja geweiht. In Gemälden wurden sie als Symbol sündiger Verlockung im Garten der Lüste dargestellt.

Mit ihrer an das Lippenrot erinnernden, leuchtenden Farbe und dem süßen Aroma, das zweifellos einen erheblichen Lustgewinn beim Verzehren bringt, kann die Erdbeere als Symbol für Erotik und Verlockung angesehen werden. Beim verführerischen Liebesmahl, das man für seine(n) Liebste(n) anrichtet, darf also die Erdbeere auf keinen Fall fehlen.

Übrigens ist die Erdbeere keine echte Beere. Sie zählt zu den Sammelnussfrüchten. Die winzigen, dem fleischigen Fruchtboden aufliegenden Kernchen sind die eigentlichen Früchte, die Nüsschen.

Unbedingt zu beachten ist, dass Erdbeeren recht empfindlich sind und nicht lange gelagert werden können. Deshalb sollte man sie möglichst sofort nach dem Kauf oder dem Pflücken verzehren. Denn schon bei ein- bis zweitägiger Lagerung ist mit erheblichem Aromaverlust zu rechnen und die Früchte verderben schnell.

Wer auch außerhalb der typischen Erdbeersaison von Mai bis Juli nicht auf Erdbeeren verzichten will, kann für einen etwas höheren Preis schon fast das ganze Jahr über Importfrüchte kaufen. Aber sowohl bei diesen eingeführten Erdbeeren als auch bei einheimischen Früchten ist es wichtig, auf ein gutes Aroma zu achten. Nur zu oft locken die Früchte mit ihrer appetitlich roten Farbe und die Ernüchterung folgt dann zu Hause, wenn die Erdbeeren kaum Aroma und vielleicht sogar ein schwammiges Fruchtfleisch besitzen. Strömen die Früchte einen intensiven Duft aus, ist das schon ein gutes Zeichen und deutet häufig auf ein intensives Aroma hin. Am besten ist es natürlich, wenn man wie auf dem Wochenmarkt oder auf dem Erdbeerfeld die Möglichkeit hat, eine Frucht vor dem Kauf zu probieren.

Köstliche Erdbeeren frisch aus dem Garten – ein herrlicher Sommergenuss!

Wer im eigenen Garten Erdbeeren anbauen möchte, sollte die Sorten nach Aroma, Ertrag und Widerstandsfähigkeit gegen Krankheiten aussuchen und nur solche wählen, die auch für das jeweilige Klima und die Bodenbeschaffenheit geeignet sind. Es gibt heute schon eine schier unübersehbare Vielfalt an Erdbeersorten – man nimmt an, dass es über 1000 Sorten gibt. Jedes Jahr kommen neue hinzu und es verschwinden Varianten, die sich nicht bewährt haben. Daher sollte man sich in einer Gärtnerei eingehend beraten lassen, bevor man seine eigene, kleine Erdbeerplantage im Garten anlegt. Mit der richtigen Pflege der Pflänzchen steht dann dem vollen Erdbeergenuss nichts mehr im Wege.

Hintergrund

Hintergrund

Neuling auf Erfolgskurs

Als regelrechter botanischer Neuling unter den Kulturpflanzen hat die Erdbeere innerhalb kurzer Zeit einen Siegeszug rund um den Globus gestartet. Die Kultur-Erdbeere kann gerade mal auf eine etwas über zwei Jahrhunderte alte Geschichte zurückblicken und gehört heute doch schon zu den beliebtesten Früchten, besonders in den gemäßigten Zonen.

Ein bisschen Geschichte

Schon viel länger bekannt und geschätzt ist die Walderdbeere *Fragaria vesca*. Erste Funde reichen bis in die Steinzeit zurück. In der Antike wurden die kleinen, aromatischen Früchte von den zeitgenössischen Dichtern Vergil, Ovid und Plinius beschrieben und gepriesen. Schon um 200 v. Chr. wurden sie in Gärten kultiviert und man bereitete Bowle mit ihnen zu, genoss sie süß mit Zucker und Sahne oder reichte sie mit Salz und Gewürzen als Beilage.

Walderdbeeren

Im Mittelalter erfreute sich die Walderdbeere bereits großer Beliebtheit. Man legte große Felder an und entwickelte Methoden, um die Reife zu beschleunigen, indem man sie zum Beispiel an die Südseite von Wällen pflanzte, oder man verlängerte durch zeitweiliges Abdecken mit umgestülpten Blumentöpfen oder feuchtem Stroh die Ernte. Aber alle Versuche, die Fruchtgröße zu verbessern, schlugen fehl. Erst nach der Entdeckung der Neuen Welt sollte der Wunsch nach größeren, aber ebenso schmackhaften Erdbeeren in Erfüllung gehen.

Die Walderdbeere ist nicht der direkte Vorfahre unserer Kulturerdbeere, da es nicht gelang, die Fruchtgröße züchterisch zu verbessern.

Französische Auswanderer entdeckten in Kanada leuchtend rote Erdbeeren, die ein ausgezeichnetes Aroma hatten und dennoch viel größer als die europäische Walderdbeere waren. Diese so genannte „Amerikanische Scharlacherdbeere“ mit den länglichen, kegelförmigen Früchten gelangte bald nach Europa. Wenig später entdeckten englische Siedler in Virginia eine weitere Form der Scharlacherdbeere mit kugelrunden Früchten. Diese als *Fragaria virginiana* be-

Zur Info

Woher der Name kommt

Der botanische Name „Fragaria“ taucht zum ersten Mal im 14. Jahrhundert auf und stammt von dem lateinischen Wort „fragare“ (= duften) ab.

Als Carl von Linné im 18. Jahrhundert das Pflanzenreich systematisch ordnete, fügte er den heute noch gültigen Namen „vesca“ hinzu. Dieser Begriff leitet sich entweder von „versusa“ = „essbar“ ab oder von dem lateinischen Wort „vescus“, was „zehrend“ bedeutet. Dies würde darauf hinweisen, dass man von dieser Frucht „nicht satt“ wird und zwar nicht nur, weil die Früchte so klein sind, sondern vor allem, weil sie so kalorienarm sind.

Walderdbeeren zeichnen sich durch die kleinen, sehr aromatischen Früchte aus.

zeichnete Art besaß auch große, aromatische Früchte und reifte drei bis vier Wochen früher als die Walderdbeere. Sie wurde bald in großem Stil in Europa angebaut und weitergezüchtet, so dass man 1820 schon 70 verschiedene Sorten von Scharlacherdbeeren zählte.

Aber auch in Südamerika wurde eine weitere Erdbeerart entdeckt. Der französische Marine-Ingenieur und Hobby-Botaniker Frézier, der zwei Jahre lang in Chile und Peru für Ludwig XIV. die Häfen ausspionierte, brachte 1714 zwei Pflanzen der Chile-Erdbeere mit dem wissenschaftlichen Namen *Fragaria chiloensis* mit nach Frankreich. Sie unterschied sich von den bisher bekannten Arten durch die ledrigen, fein gezähnten Blätter, die dichte Behaarung von Blattstielen und Fruchtständen und die damals als enorm empfundene Fruchtgröße. Nachdem diese Art in der Bretagne angebaut worden war, stellte man fest, dass sie nur wenige Früchte ansetzte und die Winterkälte nicht vertrug. Die bretonischen Bauern fanden bald den Grund für den mangelnden Fruchtansatz heraus: Die Chile-Erdbeere war im Gegensatz zur Scharlacherdbeere zweihäusig, das heißt, es gab männliche und weibliche Pflanzen und für einen guten Fruchtansatz mussten genügend männliche Befruchterpflanzen vorhanden sein. Das Problem wurde gelöst, indem man abwechselnd reihenweise Chile- und Scharlacherdbeeren nebeneinander pflanzte. Da beide Arten einen gleich aufgebauten Chromosomensatz hatten (oktoploid = achtfacher Chromosomensatz), konnte die Scharlacherdbeere tatsächlich mit ihren Pollen die Chile-Erdbeere bestäuben und so für einen üppigen Ertrag sorgen. Die Walderdbeere kam als Befruchtersorte nicht in Frage, da sie nur einen diploiden (doppelten) Chromosomensatz besitzt.

Von 1750 an wurden von der Bretagne aus Erdbeeren in großen Mengen verschifft, hauptsächlich nach London und Paris. 1751 gelangten auch die ersten Früchte nach Deutschland. Wer damals in den Genuss dieser köstlichen Früchte kommen wollte, musste allerdings mehrere Tagelöhne dafür opfern, so dass die Erdbeere noch lange Zeit den Reichen vorbehalten war.

Auch in der Nähe von Amsterdam

Erst im 18. Jahrhundert gelang die Zucht der großfrüchtigen Kultur-Erdbeere. Heute kennt man etwa 1000 Sorten, die sich in Größe, Farbe und Aroma unterscheiden.

Hintergrund

wurden nach der bewährten bretonischen Methode Erdbeeren angebaut. Um 1750 tauchte hier eine weitere neue Art auf, die wegen ihrer Form und ihres Geschmacks „Ananas-Erdbeere" genannt wurde. Ein junger Gärtner mit Namen Duchesne erkannte, dass es sich hierbei um eine Hybride, also eine Kreuzung, aus *Fragaria chiloensis* und *Fragaria virginiana* als Pollenspender handelte. Die so entstandene Urform unserer Garten- oder Kulturerdbeere erhielt die botanische Bezeichnung *Fragaria* × *ananassa*.

Die Historie unserer Erdbeere geht aber noch ein bisschen weiter. Im Jahr 1850 entdeckte der in San Francisco arbeitende Franzose de la Revière in den Wintermonaten Erdbeeren auf dem Wochenmarkt. Er forschte nach der Herkunft dieser Früchte und fand heraus, dass sie von Polster bildenden Pflanzen stammten, die direkt an der Küste Kaliforniens wuchsen und fast das ganze Jahr über Früchte trugen. Er schickte Samen dieser Art nach Frankreich, wo sie von verschiedenen Baumschulen kultiviert wurde. Es handelte sich um eine Erdbeerart mit zwittrigen Blüten, dunkelgrünen, glänzenden Blättern und einer starken Neigung zum Remontieren, das bedeutet, sie brachte über einen langen Zeitraum Früchte hervor. Diese Pflanzen waren das Ausgangsmaterial für die meisten remontierenden Sorten. Auch wegen ihrer Winterhärte und ih-

Zur Info

Erdbeervielfalt

Man unterscheidet insgesamt elf verschiedene Fragaria-Arten, von denen bei uns neben der Kultur-Erdbeere Fragaria x ananassa noch fünf weitere Arten vorkommen.

- *Fragaria moschata (Zimt-Erdbeere oder Moschus-Erdbeere) mit blutroten, wohlschmeckenden Früchten*
- *Fragaria vesca (Walderdbeere) mit kleinen, sehr aromatischen Früchten*
- *Fragaria viridis (Knack-Erdbeere) mit süß-säuerlichen Früchten ohne typisches Erdbeeraroma*
- *Fragaria × hagenbachiana (Bastard-Erdbeere) als seltene, wilde Bastardform der Erdbeere*
- *Fragaria neglecta (Übersehene Erdbeere) meist ohne Fruchtansatz*

rer starken Widerstandskraft gegen Krankheiten wurden sie gerne für neue Kreuzungen verwendet. Die damals als eigene Art angesehene Pflanze gilt heute als Unterart von *Fragaria chiloensis*.

Die Erdbeere – botanisch gesehen

Die Erdbeere gehört zur Familie der Rosengewächse (Rosaceae), was leicht an den zarten rosa oder weißen Blüten zu erkennen ist. Sie zählt zu den Stauden, ist also eine mehrjährige Pflanze, bei der die unterirdischen Pflanzenteile die kalte Jahreszeit überdauern. Als Rosettenpflanze hat sie einen stark gestauchten Spross, der sich nur wenig über den Boden erhebt. Dieser als „Herz" oder „Krone" bezeichnete Teil der Pflanze wird mit zunehmendem Alter immer länger und kann pro Jahr um 10 bis 15 mm wachsen. Die Laubblätter sind am Spross so angesetzt, dass sie eine Spirale bilden, wobei ein ganzer Umlauf von jeweils fünf Blättern gebildet wird. Der untere Teil der „Krone" bildet ein Rhizom. So wird der unterirdische Teil der Sprossachse bezeichnet, der Wurzelfunktion hat. Er dient der Nährstoffspeicherung und der Überdauerung ungünstiger Witterungsperioden.

In jeder Blattachsel wird eine Knospe angelegt. Abhängig davon, in welcher Entwicklungsphase sich die Erdbeerpflanze gerade befindet, wird aus dieser Knospe ein Ausläufer, eine Seitenkrone (also ein neuer Seitenspross) oder ein Blütenstand. Oft entwickeln sich aber die Knospen gar nicht weiter.

Der Blütenstand der Erdbeere ist eine so genannte Trugdolde.

Wurzeln können sich aus dem Spross neben der Basis eines jeden neuen Blattes entwickeln, aber die meisten Wurzeln entspringen dem unterirdischen Rhizom. Sie dienen

Aufbau einer Erdbeerpflanze

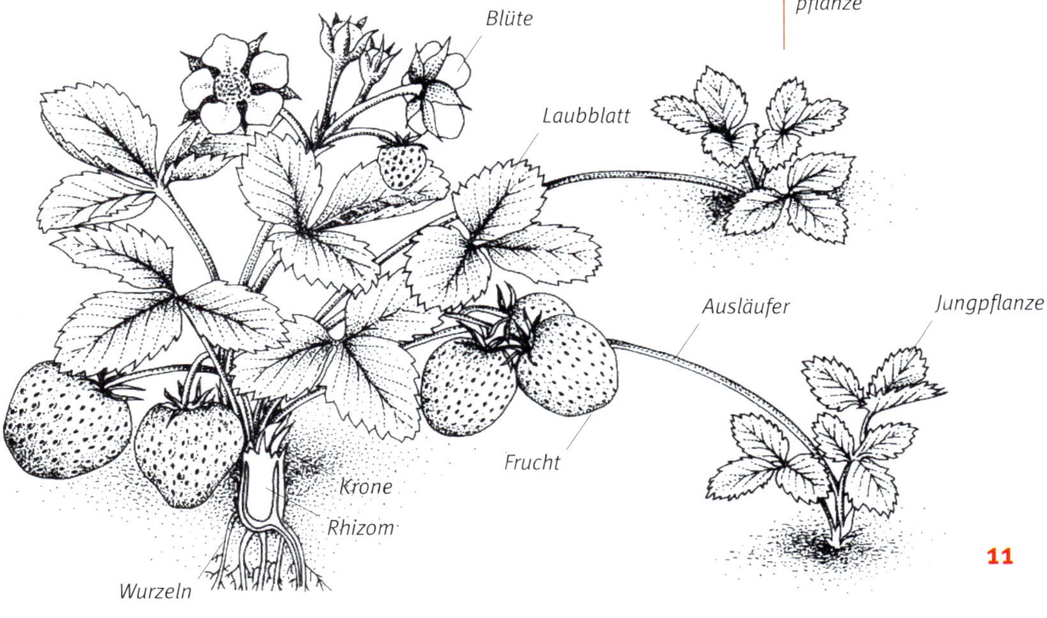

Hintergrund

der Aufnahme von Wasser und Nährstoffen. Bei der Einlagerung von Reservestoffen spielen sie nur eine untergeordnete Rolle. In leichten, tiefgründigen Böden können die Erdbeerwurzeln bis zu einen Meter tief eindringen und sich 80 bis 90 cm horizontal ausdehnen. Die meiste Wurzelmasse befindet sich jedoch in den oberen 15 bis 20 cm des Bodens.

Auffällig bei Erdbeerpflanzen ist die starke Neigung zur Ausbildung von Ausläufern, den so genannten Stolonen. Mit zunehmender Temperatur und Tageslänge beginnt deren Bildung etwa Ende Mai. An jedem Ausläufer können sich bis zum Herbst zahlreiche Jungpflanzen bilden. So kann eine Mutterpflanze je nach Sorte mehr als 100 Jungpflanzen hervorbringen, was aber zu einer erheblichen Schwächung der Pflanze und somit zu einem Minderertrag im Folgejahr führt. Umgekehrt hemmt die Blüten- und Fruchtentwicklung auch die Bildung von Stolonen.

Erdbeerwurzeln besitzen meistens eine Mykorrhiza, bilden also eine Symbiose mit einem Pilz. Der Pilz dringt in die Wurzelzellen ein und entwickelt sich zunächst auf Kosten der Pflanze, wird aber später von ihr verdaut, so dass die vom Pilz aufgenommenen Mineralstoffe der Pflanze zugute kommen.

Die alten rein weiblichen Sorten, die keine oder verkümmerte Staubblätter haben und immer zusammen mit einem Pollenspender angebaut werden müssen, haben heute keine so große wirtschaftliche Bedeutung mehr, sondern sind hauptsächlich noch für den Hobbygärtner interessant.

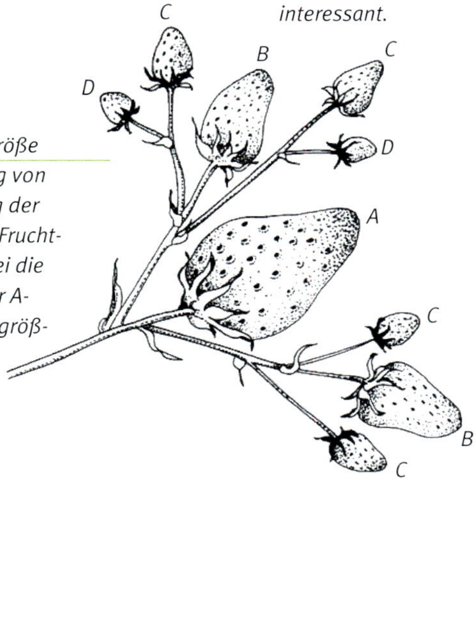

Die Fruchtgröße ist abhängig von der Stellung der Früchte am Fruchtstand, wobei die Primär- oder A-Früchte am größten sind.

Die Entwicklung der Blütenknospen beginnt bei den meisten Sorten schon im September, was aber zu diesem Zeitpunkt nur unter dem Mikroskop zu erkennen ist. Aus diesen Knospen entwickeln sich die so genannten Primär- oder A-Blüten. Im Oktober sind dann schon die Anlagen für die Sekundär- oder B-Blüten zu erkennen. Bis zum Frühjahr werden immer weitere Blütenknospen angelegt, die dann bis zu C-, D- oder sogar E-Blüten beziehungsweise Früchten führen können. Allerdings wird bei uns durch die Winterruhe diese Entwicklung unterbrochen.

Aus den A-Blüten entwickeln sich später die größten Früchte. Aus den anderen Blüten entstehen dann gemäß ihrer „Rangordnung" immer kleiner werdende Früchte. Für eine üppige Ernte mit großen Früchten ist es also erstrebenswert möglichst viele A- und B-Blüten zu erhalten.

Die Blüte der Erdbeere ist fünfzählig, besitzt also fünf Blütenblätter. Die meisten Sorten sind zwittrig, das heißt, es sind sowohl Stempel als auch Staubgefäße in einer Blüte vorhanden.

Die eigentlichen Früchte der Erdbeere sind die vielen winzigen Nüsschen, die sich auf der Oberfläche des roten Fruchtfleisches befinden. Sie sind in mehr oder weniger tiefen Grübchen in das Fruchtfleisch eingebettet. Was wir als leckere, aromatische Frucht schätzen, ist nämlich nur

Hintergrund

Zur Info

Verbreitung

Die Walderdbeere (Fragaria vesca) hat ein äußerst großes Verbreitungsgebiet.

Ursprünglich in den gemäßigten Zonen Europas und Asiens beheimatet, wurde sie in viele Teile der Welt eingeschleppt. Sie wächst von der Ebene bis zur Baumgrenze und bevorzugt nährstoffreiche Böden an lichten Stellen in Laub- und Nadelwäldern sowie Hecken und Waldränder. Die immergrüne Pflanze blüht von Mai bis Juni.

die fleischig verdickte Blütenachse.

Tiefe und Beschaffenheit dieser Grübchen können bei verschiedenen Sorten sehr unterschiedlich ausgeprägt sein und gelten deshalb auch als ein Sortenmerkmal.

Die Samenanlagen befinden sich in der Blütenmitte auf der kissenförmig verdickten Blütenachse. Hat eine Befruchtung stattgefunden, geben die Samenanlagen an die Blütenachse Phytohormone (= Pflanzenhormone) ab. Diese Hormone regen das Wachstum der Blütenachse an und fördern somit die Fruchtgröße. Je mehr Samen eine Frucht besitzt, umso mehr Hormone werden gebildet und umso größer und schwerer wird die Erdbeere.

Die eigentlichen Früchte der Erdbeere sind die winzigen Nüsschen, die auf der Oberfläche in kleine Grübchen eingebettet sind. Das eigentliche Fruchtfleisch ist die verdickte Blütenachse.

Findet wegen mangelnden Insektenfluges keine ausreichende Befruchtung statt oder sind die Blüten durch Spätfröste geschädigt, sterben die Samen ab, bilden keine Hormone mehr und es kommt zu verkrüppelten Früchten.

Sorten und Anbau

Sorten und Anbau

Erdbeeren im Garten

Da Erdbeeren am besten schmecken, wenn sie erntefrisch verzehrt werden, ist es natürlich ideal, wenn man sein eigenes Erdbeerbeet im Garten anlegen kann. Mit dem richtigen Standort, der entsprechenden Pflege und der Auswahl geeigneter Sorten ist eine reiche Ernte garantiert und man kann über Wochen oder sogar Monate die leckeren Früchte ganz frei von Schadstoffen genießen.

Anlegen eines Erdbeerbeetes

Bevor man mit der Planung und dem Anlegen eines Erdbeerbeetes beginnt, sollte man sich überlegen, welchen Typ von Erdbeerpflanzen man verwenden will. Bei Erdbeeren unterscheidet man nämlich – wie auch zum Beispiel bei Himbeeren – einmal tragende von remontierenden Sorten.

Das Angebot an **einmal tragenden Sorten** ist wesentlich größer als bei **remontierenden Sorten**, das heißt, man hat eine größere Auswahl bezüglich Aussehen, Aroma und Widerstandsfähigkeit. Remontierende Sorten sind fast den ganzen Sommer zu beernten und liefern somit einen sehr großen Ertrag, wobei aber immer nur wenige Früchte auf einmal reifen. Einmal tragende Sorten reifen zur klassischen Erdbeersaison im Juni und Juli und bringen in einem recht kurzen Zeitraum eine große Menge an Früchten hervor.

Wer also über einen langen Zeitraum immer wieder Erdbeeren für den Frischverzehr ernten möchte, ist mit remontierenden Sorten gut beraten. Wer größere Mengen für die Weiterverarbeitung zu Marmeladen und Kuchen oder zum Einfrieren oder anderweitigen Konservieren braucht, sollte sich für einmal tragende Erdbeeren entscheiden.

Als dritte Sortengruppe gibt es noch die so genannten **Monatserdbeeren** (*Fragaria vesca* var. *semperflorens*). Hierbei handelt es sich um die Kulturformen der Walderdbeere. Sie bringen kleine, aromatische Früchte hervor, tragen vom Frühjahr bis zum Herbst, sind anspruchslos und eignen sich auch zum Anpflanzen in Kübeln oder Schalen. Sie bilden keine Ranken. Beim Anlegen eines klassischen Erdbeerbeetes spielen sie eine weniger bedeutende Rolle.

Ansprüche Die heutigen Erdbeersorten sind bezüglich Boden und Klima recht anspruchslos. Ursprünglich wachsen Erdbeeren in humoser Erde, aber heute gedeihen sie eigentlich auf fast allen Böden. Der Boden sollte

Remontierende Erdbeersorten stellen höhere Ansprüche an Bodenqualität, Wasser- und Nährstoffversorgung, da sie über einen langen Zeitraum Blüten und Früchte produzieren und deshalb mehr Energie verbrauchen.

Monatserdbeeren eignen sich auch zum Bepflanzen von Weg- oder Beeträndern und Böschungen. Sie vertragen Sonne und Halbschatten.

Zur Info

Erntezeit

Die Erntezeit hängt davon ab, welcher Typ von Erdbeerpflanze gewählt wurde.

Einmal tragende Sorten blühen im Frühjahr und bilden anschließend Früchte im Juni/Juli. Remontierende oder dauertragende Sorten blühen und fruchten vom Frühjahr bis zum Herbst. Die erste Ernte erfolgt meist im Juni/Juli. Nach einer kurzen Ruhephase blühen die Pflanzen erneut und können dann bis zum ersten Frost beerntet werden.

neutral bis schwach sauer sein. Der optimale pH-Wert liegt zwischen 5,5 und 6,0.

In Klimazonen mit regelmäßigen Spätfrösten empfiehlt es sich Sorten auszuwählen, die relativ spät blühen und fruchten, um eventuelle Frostschäden und dadurch bedingte Mindererträge möglichst gering zu halten. An warmen Standorten, wo die Vegetationszeit früh beginnt, reifen die Früchte auch eher. Andererseits kann man in kühleren Gegenden die Ernte weiter nach hinten verschieben und somit noch ernten, wenn die eigentliche Erdbeersaison vorbei ist.

Ein Erdbeerbeet sollte möglichst an einem sonnigen Platz angelegt werden. Es eignen sich zwar bedingt auch halbschattige Standorte, aber je weniger Sonne die Pflanzen erhalten, umso mehr Laub und umso weniger Früchte werden gebildet. In windigen Gegenden wie zum Beispiel in Küstennähe empfiehlt sich ein Windschutz.

Es gibt keine Mindestgröße für ein Beet, solange der empfohlene Pflanzabstand eingehalten wird. Das heißt, auch wer nicht allzu viel Platz hat, kann mit wenigen Pflanzen ein kleines Beet anlegen, um dann zumindest für den Eigenbedarf jeden Tag einige frisch geerntete Köstlichkeiten auf den Tisch zu bringen.

Die maximale Kulturdauer von Erdbeeren liegt bei drei, auf leichten Böden sogar nur bei zwei Jahren. Die Pflanzen können zwar viel älter werden, aber ab dem dritten Jahr nehmen Wüchsigkeit, Ertrag und Fruchtgröße ab. Das bedeutet also, dass man alle drei Jahre möglichst jeweils an einem anderen Standort ein neues Erdbeerbeet anlegen sollte, wenn man gute Erträge und große Früchte erzielen möchte.

Winterfrost richtet bei den meisten Erdbeeren keine nennenswerten Schäden an. Daher ist es nur bei besonders frostempfindlichen Sorten notwendig für einen speziellen Winterschutz zum Beispiel durch Abdecken zu sorgen.

Kalkhaltige Böden mit einem pH-Wert um oder über 7 können zu Eisenmangel-Chlorosen führen. Eine Senkung lässt sich nur durch Einbringen von Torf oder durch den Einsatz ausschließlich saurer Düngemittel allmählich erreichen.

Vorbereiten des Bodens Unabhängig davon, wie der Boden beschaffen ist, muss auf alle Fälle für einen guten Humusgehalt gesorgt werden. Schwere, lehmhaltige Böden werden dadurch lockerer und durchlässiger, so dass die Gefahr von Staunässe, die unbedingt vermieden werden sollte, verringert wird. Vorteilhaft sind schwere-

Erdbeerpflanzen sind recht anspruchslos, sollten aber einen möglichst sonnigen Standort erhalten.

re Böden in Gegenden mit heißen Sommern, da sie nicht so schnell austrocknen. Leichte, sandige Böden können durch die Einarbeitung von Humus mehr Nährstoffe speichern und die Wasserrückhaltekraft wird zudem verbessert. Sie sind für Erdbeeren ebenso geeignet, wenn während der Saison ausreichend gewässert und gedüngt wird.

Der Boden muss auf alle Fälle gut durchlässig sein, da schon zeitweilig auftretende Staunässe zu erheblichen Ertragseinbußen führen kann.

Zur Bodenanreicherung empfiehlt es sich mindestens 14 Tage vor dem Setzen der Erdbeerpflanzen tiefgründig umzugraben und verrotteten Stallmist, Torfmull oder Kompost einzuarbeiten. Danach hat dann die Erde noch genügend Zeit sich zu setzen.

Will man frischen Stallmist einarbeiten, sollte dies schon im Herbst zuvor geschehen, damit das Material noch ausreichend Zeit hat zu verrotten.

Ist der Boden nicht ausreichend mit Nährstoffen versorgt, kann man auch zu diesem Zeitpunkt einen Erdbeer-Volldünger ausbringen. Er sollte gemäß den Herstellerangaben dosiert und gründlich eingearbeitet werden.

Um die Beetfläche möglichst optimal auszunutzen, kann man als Vorkultur darauf Gemüse anpflanzen. Ideal geeignet sind zum Beispiel Frühkartoffeln oder Hülsenfrüchte. Sie sollten allerdings 14 Tage vor dem Pflanztermin der Erdbeeren abgeerntet sein, damit noch eine entsprechende Bodenvorbereitung erfolgen kann.

Erdbeerpflanzen mit einem sehr tief reichenden Wurzelsystem liefern den höchsten Ertrag bei bester Qualität. Daher sollte man auf eine tiefgründige Bodenlockerung und -verbesserung achten.

Auch Mischkulturen von verschiedenen Gemüsen mit Erdbeeren sind möglich als Vorbeugung gegen bestimmte Krankheiten. So scheint zum Beispiel eine Mischkultur mit Knoblauch oder Zwiebeln wirksam gegen Grauschimmel zu sein.

Dammanbau Im Erwerbsanbau ist man mancherorts auf schwereren Böden dazu übergegangen Erdbeeren auf Dämmen anzubauen, damit die Gefahr von Staunässe und dadurch verursachte Wurzelfäuleerkrankungen verringert wird.

Auch wer im eigenen Garten schwere, lehmhaltige Böden hat, bei denen einen tiefgründige Bodenverbesserung nur sehr mühsam oder kaum möglich ist, kann die Erdbeerreihen auf errichteten Dämmen anlegen. Diese sollten 20 cm hoch und 60 bis 80 cm breit sein. Die Aufschüttung erfolgt mit humoser Erde, die mit Kompost oder verrottetem Stallmist angereichert wird. Wie bei der Bodenvorbereitung sollten die Dämme zwei bis drei Wochen vor dem Pflanztermin angelegt werden, damit die Erde noch Zeit hat, sich zu setzen. Als zusätzlicher Wärme- und Verdunstungsschutz sowie zur Unterdrückung von Unkraut lässt sich noch schwarze Folie verwenden. Die Erdbeerpflanzen werden einzeln in die vorbereiteten Löcher der Folie gesetzt. Allerdings sollte dann eine Tropfbewässerung unter der Folie verlegt werden, damit die Pflanzen ausreichend mit Wasser versorgt werden können. Aber auch ohne Folie ist ein Dammanbau möglich. Man muss nur darauf achten, dass immer ausreichend gegossen wird, da das Wasser in den Dämmen stärker abfließt und schneller verdunstet. Die weitere Pflege erfolgt wie bei einem normalen Erdbeerbeet.

Ein Erdbeerbeet fügt sich harmonisch zwischen Gemüse- und Blumenbeeten im Garten ein.

Das richtige Pflanzgut Bei der Auswahl des Pflanzgutes sieht sich der Hobbygärtner verschiedenen Möglichkeiten gegenüber, von denen wiederum der ideale Pflanztermin abhängt.

Man unterscheidet Grünpflanzen von Topfpflanzen, Frigopflanzen und Meristem- oder In-Vitro-Pflanzen, wobei die beiden letzten vorwiegend für den Erwerbsanbau von Bedeutung sind.

Grünpflanzen gewinnt man durch Rodung der Jungpflanzen, die sich im Sommer an der Mutterpflanze gebildet haben. Diese Pflanzen sind in der Regel ab Anfang August erhältlich. Sie sollten drei voll entwickelte Blätter, eine große Herzknospe und viele Wurzeln von mindestens 5 cm Länge besitzen. Sie werden meistens in Beuteln abgepackt zu 25 Stück angeboten. Zwischen Rodung und Neueinpflanzen sollte möglichst wenig Zeit liegen, damit die Pflanzen frisch sind und nicht unter einer unnötig langen Lagerung leiden. Denn nur dann wachsen sie schnell an und bilden bald kräftige Wurzeln, um genügend Energie für die Ausbildung der Knospenanlagen zu bekommen. Am besten erkundigt man sich bei seinem Gärtner oder im Gartencenter, wann die Grünpflanzen in den Handel kommen, um sie dann unverzüglich kaufen und sofort einpflanzen zu können.

Beim Kauf von Grünpflanzen sollte man besonders darauf achten, dass die Wurzeln kräftig ausgebildet sind und weder trocken und brüchig noch fleckig sind.

Topfpflanzen stehen schon früher als Grünpflanzen zur Verfügung. Im Juni werden die noch unbewurzelten Jungpflanzen von der Mutterpflanze abgenommen, in Torftöpfchen gesetzt und bei ausreichender Feuchtigkeit, meist unter Sprühnebel, bewurzelt. Ab Anfang Juli stehen sie dann als

Topfpflanzen zur Verfügung. Da sie in einem Spezialsubstrat wachsen, leiden sie weniger, auch wenn sie vor dem Einpflanzen noch einige Zeit in der Gärtnerei oder im Gartencenter verbleiben. Mit Topfpflanzen ist man bezüglich des Pflanztermins etwas flexibler. Besonders wenn man schon Ende Juli oder noch im September pflanzen möchte, wird man auf diese Form des Pflanzgutes angewiesen sein.

Durch mehrere Pflanztermine lässt sich die Erntezeit verlängern.

Wenn in Abhängigkeit von Klima und Temperatur Ende Juli noch nicht genügend ausreichend bewurzelte Grünpflanzen zur Verfügung stehen, greift man besonders beim Erwerbsanbau auf so genannte **Frigopflanzen** zurück. Der Vorteil von Frigopflanzen liegt darin, dass Pflanzgut zu jeder beliebigen Zeit zur Verfügung steht und man somit durch einen bestimmten Pflanztermin den genauen Erntezeitpunkt bestimmen kann.

Frigopflanzen haben ihren Namen erhalten, weil sie eingefroren werden. Die Jungpflanzen werden gerodet, wenn sie sich schon in der Winterruhe befinden. Der Zeitpunkt liegt zwischen November und Februar, meistens aber Anfang Dezember. Das Laub der Pflanzen wird entfernt und die Erde wird abgeschüttelt. Die Pflanzen werden dann nach Größe sortiert, gebündelt und bei –2° C gelagert. Durch das Einfrieren wird die Winterruhe verlängert, nachdem die Pflanze im Herbst schon die Blütenanlagen gebildet hat. Der Pflanztermin für Frigopflanzen für eine Ernte im Folgejahr liegt im Juni. Man kann aber auch bereits im April pflanzen, um eine Ernte in demselben Jahr zu erhalten. Der Erntezeitpunkt lässt sich genau bestimmen, da etwa neun Wochen nach der Pflanzung die Ernte beginnt. Somit besteht die Möglichkeit die Erntezeit zu verlängern, indem man zum Beispiel im Abstand von zwei Wochen weitere Frigopflanzen setzt. Hierbei handelt es sich dann um so genannte Wartebeetpflanzen (siehe Info-Kasten). Pflanzt man noch Anfang Mai, kann Mitte Juli geerntet werden, auch wenn die Saison eigentlich schon vorbei ist. Aber wie schon erwähnt, sind Frigopflanzen hauptsächlich dem Erwerbsanbau vorbehalten. Sollte man als Hobbygärtner die Möglichkeit haben, an dieses Pflanzgut zu gelangen, ist es auf alle Fälle einen Versuch wert.

Es gibt auch noch so genannte **Meristem-** oder **In-Vitro-Pflanzen**, die aus Gewebekulturen im Labor gezogen werden. Sie haben den Vorteil, dass sie absolut frei sind von Krankheitserregern, häufig aber schwierig abzuhärten sind. Für den Hobbybereich sind sie unbedeutend.

Zur Info

Was sind „Wartebeetpflanzen"?

Es handelt sich hierbei um besonders kräftige Frigopflanzen, die acht bis zehn Wochen vor dem gewünschten Erntetermin aus der Kühlung genommen und ausgepflanzt werden.
Somit kann man den genauen Erntezeitpunkt bestimmen. Allerdings sind Wartebeetpflanzen im Vergleich zu normalen Frigopflanzen sehr empfindlich gegenüber Trockenheit und hohen Temperaturen und müssen daher immer gut feucht gehalten werden.

Pflanztermin Der ideale Pflanztermin hängt davon ab, welche Art von Pflanzgut man verwendet. Der Hobbygärtner wird vorwiegend Grünpflanzen verwenden. Sie sollten idealerweise Ende Juli oder Anfang August gepflanzt werden. Da Grünpflanzen aber häufig erst Anfang August in den Handel kommen, kann man auf Topfpflanzen zurückgreifen, wenn man sie schon vorher, also Ende Juli, setzen will.

Sorten, die dazu neigen viele C- und D-Früchte anzusetzen, sollten erst im August gepflanzt werden. Das gewährleistet, dass vorwiegend die Anlagen für A- und B-Früchte gebildet werden, aber nicht mehr ausreichend Zeit vor der Winterruhe besteht, um die C- und D-Anlagen zu entwickeln. Somit werden größere Früchte und ein besserer Ertrag erzielt.

Sollte man die Möglichkeit haben Frigopflanzen zu erhalten, die eigentlich dem Erwerbsanbau vorbehalten sind, kann man sogar noch im April pflanzen, um im selben Jahr ernten zu können. Für eine Ernte im Folgejahr werden die Frigopflanzen im Juni gesetzt.

Je kräftiger die Pflanze in den Winter geht, umso größer ist der Ernteertrag im Folgejahr. Allerdings kann man remontierende Sorten auch noch etwa bis September auspflanzen, da bis zur relativ späten Ernte im Folgejahr noch genügend Zeit für die vegetative Entwicklung und die Ausbildung der Fruchtanlagen ist.

Der richtige Pflanztermin

Pflanzgut	*Pflanztermin*
Grünpflanzen	*Ende Juli / Anfang August*
Topfpflanzen	*Juli bis September*
Frigopflanzen	*Juni, spätestens im April*
Meristempflanzen	*Mitte Mai bis September*

Findet die Pflanzung von einmal tragenden Sorten als Grünpflanzen nicht Ende Juli oder Anfang August statt, rechnet man pro Woche Verzögerung mit einer Ertragseinbuße von etwa 10 Prozent.

Pflanzung Bei Grünpflanzen sollte man sofort nach dem Kauf den Beutel öffnen und die Pflanzen befeuchten. Kommt man nicht dazu sie sofort einzupflanzen, sollten sie auf alle Fälle kühl und feucht gelagert werden. Kurz vor dem Pflanzen stellt man sie am besten mit den Wurzeln noch einmal ins Wasser.

Bei Topfpflanzen darf der Wurzelballen auf keinen Fall austrocknen. Auch sie werden vor dem Pflanzen gründlich gewässert, so dass der Ballen gut durchfeuchtet ist.

Das Pflanzloch sollte so tief sein, dass die Wurzeln darin Platz finden, ohne gestaucht zu werden. Das Herz sollte sich etwa in Höhe der Erdoberfläche befinden. Nach dem Auffüllen des Pflanzloches wird die Erde fest angedrückt und kräftig gegossen. Bei anhaltender Trockenheit während der Pflanzzeit muss morgens und abends kräftig gewässert, nicht nur oberflächlich gegossen werden. In den ersten zwei Wochen nach der Pflanzung darf der Boden auf keinen Fall austrocknen, da sonst Schäden an den Pflanzen auftreten, die später zu erheblichen Ertragsminderungen führen können.

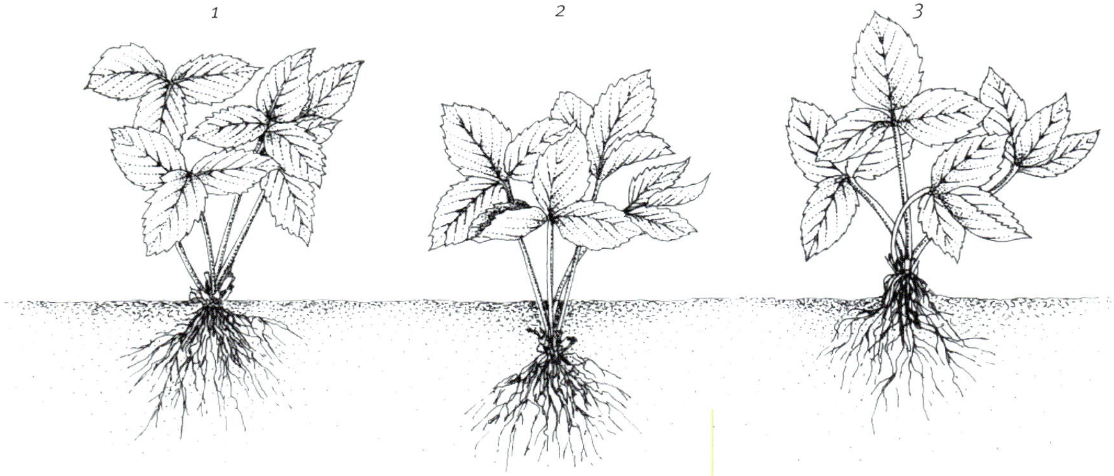

Pflanztiefe für Erdbeerpflanzen:
1. richtige Pflanztiefe,
2. zu tief gepflanzt,
3. zu hoch gepflanzt

Pflanzabstand Der Pflanzabstand hängt davon ab, ob das Erdbeerbeet mehrere Jahre bestehen bleibt oder ob nur eine einjährige Kultur stattfindet. Der Hobbygärtner wird in der Regel schon aus Kosten- und Zeitgründen der mehrjährigen Kultur den Vorzug geben. Hier sollte der Reihenabstand 60 bis 80 cm betragen, wobei der Abstand der einzelnen Pflanzen in einer Reihe 25 bis 30 cm sein sollte. Bei einer einjährigen Kultur reicht ein Reihenabstand von 50 cm aus. Bei remontierenden Sorten empfiehlt es sich den Pflanzabstand innerhalb einer Reihe auf 50 cm zu vergrößern.

Sortenvielfalt

Von den insgesamt rund 1000 existierenden Erdbeersorten kommen bei uns etwa 100 verschiedene Sorten in den Handel. Die meisten sind zwar dem Erwerbsanbau vorbehalten und nur schwer erhältlich, aber trotzdem sind eine ganze Reihe für den Hausgarten geeignet und über die gängigen Anbieter oder über Gärtnereien und Gartencenter zu beziehen. Somit hat der Hobbygärtner die Qual der Wahl, wenn er sich für die richtigen Sorten entscheiden soll.

Wie schon eingangs erwähnt, hat man zunächst die Auswahl zwischen einmal tragenden und remontierenden Sorten. Weiterhin sollte man berücksichtigen, dass es einige alte Sorten gibt, die nicht selbstbefruchtend sind, das heißt, diese Sorten müssen zusammen mit anderen, die dann als Bestäuberpflanzen dienen, gepflanzt

Die Sorte 'Elsanta' hat eine hohe wirtschaftliche Bedeutung im kommerziellen Anbau.

werden. Klassisches Beispiel hierfür ist die sehr alte, aber immer noch äußerst beliebte Sorte 'Mieze Schindler'. Sie wird schon beim Händler in Gebinden von 20 Pflanzen plus fünf Pflanzen einer anderen Befruchtersorte angeboten. In den Händlerinformationen wird immer darauf hingewiesen, wenn die Pflanzen nicht selbstfertil sind und es werden geeignete Befruchterpflanzen empfohlen beziehungsweise gleich mit angeboten.

Erdbeersorten werden außerdem nach der Position des Blütenstands unterschieden. Es gibt Sorten, die über dem Laub und welche, die unter dem Laub oder in Laubhöhe blühen. Die Blüten und später die Früchte befinden sich also je nach Sorte unterhalb oder oberhalb der Laubblätter. In Spätfrostlagen ist es empfehlenswert Sorten zu wählen, deren Blüten unter dem Laub stehen und somit noch vor eventuell auftretenden Spätfrösten besser geschützt sind. Andererseits sind die Früchte dann schwerer zu pflücken. In klimatisch idealen Anbaugebieten und auch im Erwerbsanbau bevorzugt man Sorten, die über dem Laub blühen, weil sie einfacher zu beernten sind. Hierbei kann ein Nachteil sein, dass sich die Früchte, wenn sie ein bestimmtes Gewicht erreicht haben, aufgrund der längeren Stiele herabneigen und auf dem Boden aufliegen.

Wer ausreichend Platz für ein Erdbeerbeet hat, sollte verschiedene Sorten parallel anbauen. So lassen sich Früchte mit unterschiedlichem Aussehen und Aroma erzeugen und durch den Anbau von frühen und späten Sorten nebeneinander lässt sich ohne großen Aufwand die Erntezeit verlängern.

Die beste Qualität findet man bei den Früchten, die schonend geerntet und transportiert wurden und möglichst frisch auf den Markt gelangen.

Zur Info

Die richtige Wahl

Folgende Kriterien sollten bei der Auswahl der Erdbeersorten berücksichtigt werden:

- *Aussehen, Größe und Aroma der Früchte*
- *Ertrag*
- *Reifezeit*
- *Eignung für die jeweilige Klima- und Bodenbeschaffenheit*
- *Widerstandsfähigkeit gegen Krankheiten*
- *Weitere Verwertungsmöglichkeiten (zum Beispiel gut geeignet zum Einfrieren)*

In einer Gärtnerei vor Ort oder im Gartencenter sollte man sich zunächst über das aktuelle Angebot informieren und nachfragen, wann welche Sorten in den Handel kommen. Alternativ kann man auch direkt bei den Anbietern bestellen, was den Vorteil hat, dass die Pflanzen frisch vom Erzeuger in möglichst kurzer Zeit zum Verbraucher gelangen und daher weniger Gefahr laufen Schädigungen davonzutragen.

Im Folgenden werden einige der wichtigsten und für den Hausgarten geeigneten Erdbeersorten vorgestellt und beschrieben. Sie wurden hauptsächlich nach Verfügbarkeit, gutem Aroma und Widerstandsfähigkeit gegen Krankheiten ausgewählt. Falls möglich sind Erdbeerpflanzen, die in der Nähe, also im selben klimatischen Bereich herangezogen wurden, anderen „exotischeren" Sorten vorzuziehen, da die Wahrscheinlichkeit für ein gutes Gedeihen und einen hohen Ertrag größer ist. Sollten Zweifel darüber bestehen, welche Sorten für den eigenen Garten geeignet sind, sollte man nicht zögern sich in einer guten Gärtnerei eingehend beraten zu lassen. Da der Erdbeeranbau relativ arbeitsintensiv ist, wäre es nämlich äußerst schade, wenn man durch die Wahl der falschen Sorten Mindererträge oder unnötigen Arbeitsaufwand hat.

Die hier aufgeführten Sorten werden, unabhängig davon, ob sie einmal tragend, remontierend oder Monatserdbeeren sind, in alphabetischer Reihenfolge vorgestellt. Es wurden fast nur Sorten ausgesucht, die über die gängigen Anbieter (siehe Anhang) bezogen werden können.

Alexandria gilt als die fruchtbarste Monatserdbeere, die auch die größten Früchte besitzt. Von Juni bis zum Herbst kann laufend geerntet werden. Die Früchte besitzen das typische intensive Walderdbeeraroma. Die Pflanze verträgt sowohl Sonne als auch Halbschatten und ist rankenlos. Daher eignet sie sich auch gut zur Bepflanzung von Beet- oder Wegrändern, aber auch von Böschungen.

'Alexandria' ist eine Monatserdbeere mit dem typischen Walderdbeeraroma.

Elvira wurde 1967 in Holland aus 'Gorella' × 'Vola' gezüchtet. Sie ist seit 1970 im Handel, seit 1980 besteht Sortenschutz. Die großen, kegelförmigen Früchte sind tiefrot, stark glänzend und mittelfest. Das Fruchtfleisch ist etwas ungleichmäßig durchgefärbt. Die Früchte haben ein süß-säuerliches, dezentes Aroma. Die Reifezeit ist mittelfrüh, der Ertrag ist hoch. Die Sorte ist für eine Ernteverfrühung durch Anbau unter Folie geeignet. Sie hat keine besonderen Bodenansprüche. Die Pflanze hat einen mittelstarken, lockeren Wuchs ohne übermäßig viele Ausläufer. Sie blüht recht früh in Laubhöhe oder unter dem Laub. 'Elvira' ist mäßig anfällig für Fruchtfäule und Mehltau.

Die Sorte 'Eros' ist eine relativ neue Züchtung, die widerstandsfähig gegen Krankheiten und auch für den Hausgarten zu empfehlen ist.

Eros Diese relativ junge Sorte wurde als Alternative – besonders für den Erwerbsanbau – für die Sorte 'Elsanta' gezüchtet, ist aber ebenso für den Hausgarten geeignet und auch für Hobbygärtner erhältlich. (Die Sorte 'Elsanta' wird hier nicht beschrieben, da sie für den Hausgarten nicht zu empfehlen ist). 'Eros' entstand 1985 aus einer Kreuzung von 'Elsanta' × 'Allstar'. 1994 kam sie auf den Markt. Es besteht Sortenschutz. Die mittelroten, glänzenden Früchte besitzen eine gleichmäßig kegelförmige Form. Sie sind fest und haben einen angenehmen, ausgewogenen Geschmack. Die Reifezeit ist mittelfrüh. Im Vergleich zu 'Elsanta' bringt 'Eros' einen höheren Ertrag und weniger missgebildete Früchte hervor. Die Pflanze hat einen kräftigen, aufrechten Wuchs. Die Früchte wachsen über dem Laub. Die Sorte ist gegen zwei der häufigsten Phytophthora-Arten (Rhizom- und Wurzelfäule) resistent. Es tritt wenig Fruchtfäule auf und sie ist kaum anfällig für Mehltau und Verticillium-Welke. Die Früchte eignen sich am besten für den Frischverzehr.

Florence Diese englische Neuzüchtung ist eine sehr spät reifende, geschützte Sorte und wird als Befruchtersorte für die ebenfalls neue 'Yamaska' und für 'Malling Pandora' empfohlen. Die großen bis sehr großen, rundlichen, glänzenden Früchte haben eine intensiv rote Farbe und einen guten Geschmack. Der Ertrag ist sehr hoch. Die Pflanze hat einen hohen, geraden Wuchs. Sie ist mehltauresistent, auch für andere Pilzerkrankungen wenig anfällig und zeigt eine gute Widerstandskraft gegen Wurzelfäule. Die Früchte sind sowohl für den Frischverzehr als auch für alle anderen Verwertungsarten geeignet.

Florika stellt unter den Erdbeeren eine Besonderheit dar, da sie sich hervorragend für das Anlegen einer „Erdbeerwiese" eignet. Häufig wird sie von Anbietern statt mit ihrem Sortennamen nur unter dem Begriff Erdbeerwiese angeboten. 'Florika' entstand 1986 aus einer Kreuzung aus ('Sparkle' × *Fragaria vesca* var. *semperflorens*) × Klettererdbeere 'Hummi'. Sie ist seit 1989 im Handel, seit 1990 besteht Sortenschutz. Die mittelgroßen Früchte sind rundlich bis kegelförmig, mäßig glänzend, mittelfest bis weich und aromatisch. Sie stehen über dem Laub und bleiben auch sauber, wenn kein Stroh untergelegt wird. Der süßliche Geschmack wird von dem Aroma der Walderdbeere unterstrichen. Die Früchte sind hauptsächlich für den Frischverzehr geeignet, können aber auch gut eingefroren und konserviert werden. Die Reifezeit ist mittelfrüh und der Ertrag mittel bis hoch. Von einem Quadratmeter Erdbeerwiese lassen sich zwischen 1,5 und 2,5 kg pro Jahr ernten. Die Pflanzen bilden in kurzer Zeit einen dichten, flächendeckenden Bestand, da sie reichlich Ausläufer hervorbringen, die nicht entfernt werden. Eine Erdbeerwiese kann durchaus über sechs bis acht Jahre ohne Neupflanzung erhalten werden. Sie eignet sich zum Bepflanzen von freien Flächen und Böschungen. Durch den dichten Wuchs werden Unkräuter unterdrückt, wodurch die Pflege nicht sehr arbeitsintensiv ist. Nach der Ernte im August werden die Blätter mit einer Sense oder einem Rasenmäher abgemäht, aber nicht entfernt. Die neuen Ausläufer können somit gut einwurzeln und es findet automatisch eine Verjüngung statt. Der Boden, auf dem eine Erdbeerwiese angelegt wird, sollte frei sein von Disteln, Winden und Quecken. 'Florika' ist auch für den biologischen Anbau geeignet, da sie äußerst widerstandsfähig gegen Krankheiten ist. Sie ist nur gering anfällig für Fruchtfäule und Blattpilze. Schneckenfraß tritt kaum auf und die Pflanzen vertragen auch gut Trockenheit. Ein Unterlegen mit Stroh ist nicht notwendig.

In einer geschlossenen Erdbeerwiese baut sich ein sicherer Bestand an Gartennützlingen auf, der nicht nur in der Erdbeerpflanzung die Schädlinge unterdrückt, sondern auch dem restlichen Garten zugute kommt.

Die Sorte 'Panda' wächst ähnlich wie 'Florika', bringt aber weniger Früchte hervor.

'Florika' eignet sich zum Anlegen einer Erdbeerwiese.

Honeoye wurde 1985 in den USA aus 'Tamella' × 'Induka' gezüchtet. Es besteht kein Sortenschutz. Die gleichmäßig großen, kegelförmigen Früchte sind dunkelrot, glänzend und fest. Das Fruchtfleisch ist innen hell. Die Früchte sind relativ gut haltbar. Sie haben ein säurebetontes, gutes Aroma ohne viel Süße. Sie sind für alle Verwertungsarten, besonders zum Einfrieren geeignet. Die Reifezeit ist sehr früh. Honeoye ist auch im Erwerbsanbau eine sehr beliebte Sorte, welche die Erdbeersaison eröffnet. In guten Lagen ist der Ertrag sehr hoch. Die Pflanze stellt mittlere bis hohe Bodenansprüche. Sie hat einen gesunden, kräftigen Wuchs und bildet viele Ausläufer. Sie blüht früh unter dem Laub. Für Mehltau, Fruchtfäule und Blattpilze ist sie wenig anfällig, aber in schweren Böden können Verticillium-Welke und Wurzelfäule auftreten.

'Honeoye' eröffnet wegen ihrer frühen Reifezeit die Erdbeersaison.

Hummi-Erdbeeren Nach der Anbieterfirma Hummel sind verschiedene Eigenzüchtungen benannt, deren Sortenbezeichnungen den Namenszusatz „Hummi" tragen. Sie werden auch für den Hobby-Gärtner direkt vom Erzeuger angeboten.

Hummi-Ferma 2000 ist eine Neuzüchtung, die eine Verbesserung der 1992 erstmalig gezüchteten Hummi-Ferma darstellt. Die Früchte sind groß und mittel- bis dunkelrot. Der Ertrag ist überdurchschnittlich hoch. Die Reifezeit ist mittelspät bis spät mit einer langen Erntedauer. Die Früchte werden von kräftigen Stängeln getragen, die sich erst kurz vor der Ernte auf den Boden neigen.

Hummi-Aroma hat dunkelrote, mittelgroße Früchte. Sie reift früh bis mittelfrüh. Durch das intensive Aroma ist sie besonders für den Frischverzehr geeignet. Da sie auch nach dem Auftauen nicht zusammenfällt, eignet sie sich ebenso zum Einfrieren.

'Hummi-Aroma' ist nicht nur für den Frischverzehr, sondern auch zum Einfrieren geeignet.

Hummi-Bella ist eine Kreuzung aus 'Tenira' × Klettererdbeere 'Hummi'. Seit 1991 besteht Sortenschutz. Die kugelförmigen, purpurroten Früchte sind mittelgroß bis groß, glänzend und fest. Das Fruchtfleisch ist mittelrot. Die Früchte haben einen guten Geschmack mit einem ausgewogenen Aroma. Die Reifezeit ist mittel bis spät, der Ertrag mittel bis hoch. Die Pflanze wächst mittelstark und bevorzugt humose, durchlässige Böden. Die Blüten stehen unter dem Laub bis in Laubhöhe. Die Anfälligkeit für Fruchtfäule ist mittel bis stark, die Anfälligkeit für Wurzelfäule geringer.

Hummi-Gento gehört zu den remontierenden Sorten, die vom Frühsommer bis in den Herbst hinein Früchte bilden.

Hummi-Stugarta hat große, purpurrote Früchte mit einem recht süßen Aroma. Sie gilt als Massenträger und ist besonders für den Frischverzehr geeignet.

Hummi-Grande zeichnet sich durch die extrem großen Früchte aus. Die Reifezeit ist mittelfrüh. Der Ertrag bleibt über mehrere Jahre recht hoch.

Kent wurde um 1985 in Kanada gezüchtet und ist eine nicht geschützte Sorte. Die großen, kegelförmigen Früchte sind kräftig mittelrot, stark glänzend und fest und somit gut haltbar. Das Fruchtfleisch ist durchgefärbt. Der Geschmack mit dem süßsäuerlichen Aroma ist gut. Die Früchte sind für alle Verwertungsarten, insbesondere auch zum Einfrieren geeignet. Die Reifezeit ist mittelfrüh. Der Ertrag ist von allen Frühsorten am höchsten. Die Pflanze stellt nur geringe bis mittlere Ansprüche an den Boden. Sie hat einen gesunden, kräftigen Wuchs mit vielen Ausläufern und vielen Blüten, die dicht unter dem Laub bis in Laubhöhe stehen. Sie ist wenig anfällig für Blattpilze, mäßig anfällig für Fruchtfäule und Wurzelfäule, jedoch stark anfällig für Verticillium-Welke und Blattläuse. Gegen Mehltau ist sie sehr widerstandsfähig. Die Sorte ist auch für den Bioanbau geeignet.

Die robuste 'Kent' hat einen hohen Ertrag und ist auch für den Bioanbau geeignet.

Korona entstand durch eine Kreuzung aus 'Tamella' × 'Induka'. Sie ist seit 1972 im Handel, seit 1980 besteht Sortenschutz. Die mittelgroßen bis großen, kegelförmigen Früchte sind mittelrot, mittelstark glänzend und fest. Das Fruchtfleisch ist orangerot. Die Früchte sind zwar wenig druckempfindlich, aber zum Einkochen und Einfrieren nicht so gut geeignet. Sie haben ein süß-säuerliches Aroma. Die Reifezeit ist mittelfrüh, wobei die

Reifeperiode sehr lang ist. Der Ertrag ist sehr hoch. Die Pflanze stellt nur geringe bis mittlere Ansprüche an den Boden und hat einen starken, hochbuschigen Wuchs. Sie blüht mittelfrüh in Laubhöhe. Die Pflanze ist recht unempfindlich. Sie ist nur wenig anfällig für Verticillium-Welke und Mehltau, allerdings zeigt sie für Fruchtfäule starke Anfälligkeit.

Malling Pandora wird auch manchmal nur als 'Pandora' bezeichnet und entstand 1979 aus Kreuzungen von ('Humboldt' × 'Red Star') × 'Merton Dawn'. Sortenschutz besteht seit 1991. Hierbei handelt es sich um eine nicht selbstfertile Sorte, das heißt, sie produziert nur weibliche Blüten und muss daher zusammen mit einer Befruchtersorte gepflanzt werden. Empfohlene Befruchtersorten sind zum Beispiel 'Bogota', 'Dania', 'Irmgarda' oder 'Tarda Vicoda'. Die Früchte können in Form und Größe recht unterschiedlich sein. Manche sind sogar gespalten und innen hohl. Sie sind mittelfest, haben einen guten Geschmack und sind für alle Verwertungsarten, insbesondere auch zum Einfrieren geeignet. Sie reifen sehr spät bis Mitte August und sind daher ideal zum Verlängern der Erdbeersaison. Der Ertrag ist mittel bis hoch. Die Pflanze hat einen starken, dichtbuschigen Wuchs mit mehreren Herzen, vielen Ausläufern und großen Blättern. Ein regelmäßiges Entranken ist wichtig. Der Pflanzabstand sollte nicht unter 50 cm betragen. Die Blüten stehen unter dem Laub bis in Laubhöhe. Die Sorte ist wenig anfällig für Fruchtfäule und Wurzelfäule und mäßig anfällig für Mehltau. Sie reagiert empfindlich auf Nässe. Da auch im zweiten Anbaujahr mit einem hohen Ertrag zu rechnen ist, spielt sie besonders im Erwerbsanbau eine wichtige Rolle.

Malling Pegasus Bei dieser Kreuzung aus 'Red Gauntlet' × 'Gorella' besteht seit 1994 Sortenschutz. Die mittelgroßen bis großen, kegelförmigen Früchte sind leuchtend rot, stark glänzend und fest. Das Fruchtfleisch ist hellrot und hat einen guten Geschmack mit einem ausgewogenen Aroma. Die Reifezeit ist mittel bis spät, der Ertrag hoch. Die Pflanze hat einen mittleren bis starken Wuchs und viele Ausläufer. Die Blüten stehen unter dem Laub bis in Laubhöhe. Die Pflanze stellt kei-

'Malling Pegasus' ist anspruchslos und recht widerstandsfähig gegen Krankheiten.

ne besonderen Ansprüche an den Boden. Sie ist sehr robust, resistent gegen Verticillium-Welke, nur wenig anfällig für Wurzelfäule und mittelmäßig anfällig für Fruchtfäule.

Mieze Schindler Diese alte Liebhabersorte ist nur für den Hausgarten und den Frischverzehr geeignet. Sie wurde schon 1925 aus 'Lucida Perfecta' × 'Johannes Müller' gezüchtet. Es handelt sich um eine nicht selbstfertile Sorte, die zusammen mit einer Befruchtersorte angepflanzt werden muss. Die kleinen bis mittelgroßen, rundlichen bis kegel- oder nierenförmigen Früchte sind dunkelpurpur glänzend und haben einen hervorragenden Geschmack. Daher wird die Sorte immer noch gerne angebaut. Das Fruchtfleisch ist weißlich rosa und besitzt das typische Walderdbeeraroma. Die Früchte sind recht druckempfindlich und daher nur für den möglichst frischen Verzehr geeignet. Die Reifezeit ist mittel bis spät und der Ertrag gering bis mittelhoch. Die Pflanze stellt keine besonderen Ansprüche an den Boden. Sie hat einen mittelstarken Wuchs, bildet viele Ausläufer und blüht über dem Laub. Für Fruchtfäule besteht eine gewisse Anfälligkeit. Bei Trockenheit muss unbedingt gewässert werden.

'Mieze Schindler' ist eine alte Liebhabersorte, die vor allem für den Anbau im Hausgarten und für den Frischverzehr geeignet ist.

Ostara ist eine remontierende Sorte ohne Sortenschutz, die schon seit 1969 im Handel ist. Sie ist besonders für den Hausgarten geeignet und bietet eine Sommer- und eine Herbsternte. Nur die A- und B-Früchte werden richtig groß. Ein regelmäßiges Ausdünnen der Pflanzen ist notwendig. Die Früchte sind orangerot bis rot, das Fruchtfleisch ist hellorangerot. Das beste Aroma entwickeln die Früchte nur bei sonnigem Wetter. Die Pflanze ist anfällig für Fruchtfäule, Rote Wurzelfäule und Rhizomfäule.

Polka wurde 1977 in Holland aus 'Induka' × 'Sivetta' gezüchtet. Seit 1988 besteht Sortenschutz. Die mittelgroßen, kegelförmigen, gleichmäßig roten Früchte sind stark glänzend, fest und innen hohl. Der Zuckergehalt ist niedrig und sie haben ein ansprechendes, süß-säuerliches Aroma. Sie sind für alle Verwertungsarten, auch zum Einfrieren, geeignet. Die Reifezeit ist mittelfrüh bis mittelspät. Der Ertrag ist hoch. Die Pflanze stellt mittlere Ansprüche an den Boden und braucht während Blüte- und Reifezeit auf alle Fälle genügend Feuchtigkeit. Sie hat einen gesunden, kräftigen Wuchs und bildet viele Ausläufer. Die späten, zahlreichen Blüten stehen in Laubhöhe oder etwas unter dem Laub. Die Sorte ist für späte Pflanztermine und für schwere Böden geeignet.

Die Sorte 'Polka' hat einen kräftigen Wuchs und kann noch relativ spät gepflanzt werden.

Rügen Diese Monatserdbeere hat ihren Namen erhalten, weil sie vermutlich um 1910 in der Schlossgärtnerei von Putbus auf Rügen entstanden ist. Die Pflanzen bilden keine Ausläufer und werden in der Regel nur durch Teilung oder Samen vermehrt. 'Rügen' bringt nicht nur aromatische Früchte hervor, sondern eignet sich auch wegen ihres dekorativen Aussehens für die Bepflanzung von Kübeln oder als Beeteinfassung.

Seascape Diese remontierende Sorte wurde in den USA aus 'Selva' × 'Douglas' gezüchtet. Seit 1994 besteht Sortenschutz. Die großen, kegelförmigen, purpurroten Früchte sind stark glänzend und fest bis sehr fest. Das Fruchtfleisch ist orangerot. Der Geschmack ist gut mit einem mittleren Aroma. Die erste Ernte erfolgt sehr früh. Der Ertrag ist mittelhoch bis hoch. Die Pflanze braucht mittelschwere, durchlässige bis humose Böden. Der Wuchs ist mittelstark bis stark und die Blüten stehen unter dem Laub und bis in Laubhöhe. Es besteht eine geringe Anfälligkeit für Fruchtfäule und Wurzelfäule.

Senga Sengana ist die wohl bekannteste Erdbeersorte und seit 1952 im Handel. Sie entstand durch die Kreuzung 'Markee' × 'Sieger'. Die mittelgroßen, kegelförmigen Früchte sind purpurrot glänzend und mittelfest. Das Fruchtfleisch ist dunkelrot und hat einen ansprechenden, süßen Geschmack mit gutem Säureanteil. Die Früchte sind für alle Verwertungsarten geeignet. Die Reifezeit ist mittelspät. Der Ertrag ist nur im ersten Jahr sehr hoch. Die Pflanze hat einen starken, dichten Wuchs und bildet viele Ausläufer. Sie blüht mittelfrüh in und unter dem Laub. Sie stellt keine besonderen Ansprüche an den Boden, ist auch für Höhenlagen geeignet und verträgt sogar Hitze und Trockenheit. Allerdings ist sie stark anfällig für Fruchtfäule und Wurzelfäule und mäßig anfällig für Verticillium-Welke und Mehltau. Gegen Rhizomfäule ist sie recht widerstandsfähig. Da der Er-

Als eine der bekanntesten Sorten hat 'Senga Sengana' selbst große wirtschaftliche Bedeutung.

trag nach dem ersten Jahr nachlässt, wird sie hauptsächlich in einjähriger Kultur angebaut.

Symphony ist eine schottische Neuzüchtung. Die mittelgroßen bis großen, festen Früchte sind mittelrot, innen durchgefärbt und stark glänzend. Sie haben einen leicht säuerlichen, sehr guten Geschmack und sind gut lagerfähig. Die Reifezeit ist spät. Der Ertrag ist hoch. Die Pflanze hat einen starken Wuchs, daher sollte der Pflanzabstand etwa 5 cm weiter als üblich sein. Sie ist für verschiedene klimatische Bedingungen geeignet und lässt sich auch in kühlen Regionen anbauen. Sie ist robust und widerstandsfähig gegen Rote Wurzelfäule. Missbildungen der Früchte treten kaum auf.

'Symphony' ist eine späte Sorte mit hohem Ertrag, die auch für kühle Regionen geeignet ist.

Tenira wurde 1965 in Holland aus 'Red Gauntlet' × 'Gorella' gezüchtet. Seit 1976 besteht Sortenschutz. Die mittelgroßen bis großen, kegelförmigen Früchte sind orangerot bis rot, glänzend und fest. Obwohl sie etwas druckempfindlich sind, sind sie lange haltbar. Das Fruchtfleisch ist orangerot und hat ein mittleres bis gutes, ausgewogenes Aroma. Die Früchte sind für alle Verwertungsarten, insbesondere auch zum Einfrieren geeignet. Die Reifezeit ist mittelspät und die Ernteperiode nur kurz. Der Ertrag ist besonders im ersten Jahr recht hoch. Die Pflanze stellt nur geringe bis mittlere Ansprüche an den Boden, ist aber eher für leichte Böden zu empfehlen, da sie in schweren Böden zu Wurzelkrankheiten neigt. Sie hat einen starken, hochbuschigen Wuchs und bildet viele Ausläufer. Sie blüht mittelspät in Laubhöhe und auch darüber. Sie ist wenig anfällig für Fruchtfäule und Verticillium-Welke und widerstandsfähig gegen Mehltau.

Yamaska Diese englische Neuzüchtung gehört zu den nicht selbstfertilen Sorten, sie muss also zusammen mit einer geeigneten Befruchtersorte gepflanzt werden. Da sie sehr spät reift, muss auch eine späte Befruchtersorte als Pollenspender gewählt werden wie zum Beispiel die Sorte 'Florence'. 'Yamaska' ist eine geschützte Sorte. Die großen, festen Früchte haben einen guten Geschmack. Der Ertrag ist mittelhoch. Die Pflanze ist sehr stark wachsend und äußerst robust gegen Krankheiten, daher ist sie auch gut für den biologischen Anbau geeignet. Als späte Sorte kann sie die Erdbeersaison zusammen mit ihrer Befruchtersorte im Garten erheblich verlängern.

Die wichtigsten Sorten im Überblick

Sorte	Reifezeit	Ertrag	Früchte	Anfälligkeit	Besonderheiten
Alexandria (Monatserdbeere)	*Juni bis Herbst*	*hoch*	*groß mit intensivem Walderdbeerenaroma*	*gering*	*zum Bepflanzen von Beet- oder Wegrändern geeignet*
Elvira	*mittelfrüh*	*hoch*	*groß, tiefrot, mittelfest, süß-säuerliches, dezentes Aroma, in Laubhöhe oder unter dem Laub*	*mäßig anfällig für Fruchtfäule und Mehltau*	*für Anbau unter Folie geeignet*
Eros	*mittelfrüh*	*hoch*	*gleichmäßig kegelförmig, mittelrot, fest, ausgewogenes Aroma, über dem Laub*	*wenig anfällig, resistent gegen 2 Phytophthora-Arten*	*kräftiger, aufrechter Wuchs*
Florence	*spät*	*sehr hoch*	*groß, rundlich, intensiv rot, gutes Aroma*	*mehltauresistent, wenig anfällig gegen andere Krankheiten*	*für alle Verwertungsarten geeignet, gilt als Befruchtersorte*
Florika	*mittelfrüh*	*mittel bis hoch*	*mittelgroß, rundlich bis kegelförmig, mittelfest bis weich, aromatisch, über dem Laub*	*sehr widerstandsfähig*	*als „Erdbeerwiese" und für Bioanbau geeignet*
Honeoye	*sehr früh*	*sehr hoch*	*gleichmäßig groß, dunkelrot, fest, säurebetontes Aroma, unter dem Laub*	*anfällig für Verticillium-Welke und Wurzelfäule*	*kräftiger Wuchs mit vielen Ausläufern*

Die wichtigsten Sorten im Überblick

Sorte	Reifezeit	Ertrag	Früchte	Anfälligkeit	Besonderheiten
Hummi-Erdbeeren (verschiedene Züchtungen siehe Text)	unterschiedlich	mittel bis hoch	mittelgroße bis große Früchte, intensives bis ausgewogenes Aroma	mittlere bis geringe Anfälligkeit	verschiedene Züchtungen für unterschiedliche Verwendbarkeiten
Kent	mittelfrüh	hoch	groß, kegelförmig, mittelrot, fest, süß-säuerliches, gutes Aroma, in Laubhöhe	wenig anfällig außer für Verticillium-Welke	kein Sortenschutz, für Bioanbau geeignet
Korona	mittelfrüh	sehr hoch	mittelgroß bis groß, mittelrot, fest, süß-säuerliches Aroma, in Laubhöhe	stark anfällig für Fruchtfäule, sonst wenig anfällig	zum Einfrieren und Einkochen nicht geeignet
Malling Pandora	sehr spät	mittel bis hoch	unterschiedlich groß, rot, mittelfest, gutes Aroma, unter dem Laub bis in Laubhöhe	mäßig anfällig für Mehltau, ansonsten wenig anfällig	braucht Befruchtersorte, muss regelmäßig entrankt werden
Malling Pegasus	mittel bis spät	hoch	mittelgroß bis groß, leuchtend rot, fest, ausgewogenes Aroma, unter dem Laub bis in Laubhöhe	resistent gegen Verticillium-Welke, ansonsten wenig bis mäßig anfällig	sehr robuste Sorte mit vielen Ausläufern
Mieze Schindler	mittel bis spät	gering bis mittel	klein bis mittelgroß, rundlich bis kegelförmig, dunkelpurpur, typisches Walderdbeerenaroma	anfällig für Fruchtfäule	braucht Befruchtersorte, druckempfindlich
Ostara	Sommer und Herbst	hoch	nur A- und B-Früchte werden groß, orangerot bis rot, bestes Aroma bei Sonne	anfällig für Fruchtfäule, Rote Wurzelfäule, Rhizomfäule	remontierend, kein Sortenschutz
Polka	mittel	hoch	mittelgroß, rot, fest, innen hohl, ansprechendes, süß-säuerliches Aroma, in Laubhöhe	wenig anfällig	für späte Pflanzung und schwere Böden geeignet
Rügen (Monatserdbeere)	Sommer und Herbst	mittel	klein, aromatisch	wenig anfällig	keine Ausläufer, auch für Kübel

Die wichtigsten Sorten im Überblick

Sorte	Reifezeit	Ertrag	Früchte	Anfälligkeit	Besonderheiten
Seascape	erste Ernte sehr früh	mittel bis hoch	große, purpurrote Früchte, fest bis sehr fest, mittleres Aroma, unter dem Laub bis in Laubhöhe	gering anfällig für Fruchtfäule und Wurzelfäule	remontierend, kräftiger Wuchs
Senga Sengana	mittelspät	sehr hoch im 1. Jahr	mittelgroß, purpurrot, mittelfest, süßes Aroma mit gutem Säureanteil, in und unter dem Laub	stark anfällig für Fruchtfäule und Wurzelfäule, mäßig anfällig für Verticillium-Welke und Mehltau	hauptsächlich für einjährige Kultur, da nach dem ersten Jahr der Ertrag nachlässt
Symphony	spät	hoch	mittelgroß bis groß, mittelrot, fest, leicht säuerliches, sehr gutes Aroma	robust und wenig anfällig	sehr starker Wuchs, auch für kühle Regionen
Tenira	mittelspät	hoch	mittelgroß bis groß, orangerot bis rot, fest, mittleres bis gutes, ausgewogenes Aroma, in Laubhöhe und darüber	wenig anfällig, widerstandsfähig gegen Mehltau	besonders zum Einfrieren geeignet
Yamaska	sehr spät	mittel	groß, fest, gutes Aroma	sehr robust	für Bioanbau geeignet, braucht späte Befruchtersorte

Regelmäßige Pflegemaßnahmen

Unkraut hacken Ein Erdbeerbeet sollte möglichst das ganze Jahr über unkrautfrei gehalten werden. Hierfür wird der Boden regelmäßig gehackt, wodurch nicht nur Unkraut entfernt, sondern auch die Bodenoberfläche gelockert wird. Auf keinen Fall darf zu tiefgründig gehackt oder gegraben werden, damit die Wurzeln der Erdbeerpflanzen nicht beschädigt werden.

Im Erwerbsanbau wird Unkraut nicht nur mechanisch, sondern hauptsächlich mit chemischen Mitteln bekämpft. Daher schonen die unbelasteten Erdbeeren aus dem eigenen Garten, die nur durch Hacken unkrautfrei gehalten werden, auf alle Fälle unsere Gesundheit und die Umwelt.

Laub und Ausläufer entfernen Will man nicht selber neue Jungpflanzen aus den sich zahlreich an den Mutterpflanzen bildenden Ablegern ziehen, müssen diese regelmäßig entfernt werden. Bei remontierenden Sorten werden die Ausläufer ständig entfernt, da sie nicht nur das Beet zuwuchern, sondern auch mit den Früchten um die Nährstoffe konkurrieren. Bei einmal tragenden Sorten werden sofort nach der Ernte alle Ausläufer entfernt.

Die zahlreich gebildeten Ausläufer sollten regelmäßig entfernt werden, um Ertragseinbußen zu vermeiden.

Das früher noch umstrittene Abschneiden des Laubs nach der Ernte hat sich mittlerweile in der Praxis bewährt. Die alten Blätter produzieren nämlich bestimmte Hemmstoffe, die in den Wurzelstock wandern und sich negativ auf die nächste Ernte auswirken. Daher ist es sinnvoll sie möglichst bald zu entfernen. Das lässt sich bei kleineren Beeten mit einer Heckenschere durchführen, bei größeren Flächen kann man das Laub auch mit dem hoch gestellten Rasenmäher abmähen. Das Herz der Pflanzen muss dabei unverletzt bleiben. Die Pflanzen bilden dann bald wieder neue Blätter. Die abgeschnittenen Pflanzenteile werden in der Regel entfernt, da sie auch Pilzerkrankungen fördern könnten.

Wässern Wie schon erwähnt, muss in den ersten Wochen nach der Pflanzung der Boden ständig gut durchfeuchtet sein. Es darf aber auf keinen Fall Staunässe auftreten. Später sollte regelmäßig gegossen werden, damit der Boden nicht austrocknet und die Pflanzen sich kräftig entwickeln können. Während der Reifezeit der Früchte wird nur noch mäßig gegossen, da zu viel Feuchtigkeit die Schimmelbildung auf den Früchten fördert.

Düngen Außer dem Einarbeiten von nährstoffreichem Material oder Erdbeer-Volldünger bei der Vorbereitung des Bodens ist während der Saison keine Düngergabe erforderlich. Erst nach der Ernte wird bei mehrjährigen Kulturen eine entsprechende Menge Volldünger breitwürfig verteilt und oberflächlich eingearbeitet.

Wird ein Erdbeerbeet neu angelegt und die Fläche zuvor nicht anderweitig genutzt, kann man auch eine Gründüngung durchführen. Nach dem Abernten der Pflanzen wird der Boden umgegraben und einjährige Gründüngungspflanzen wie zum Beispiel Senf, Raps oder Winterroggen werden eingesät. Spätestens vier bis sechs Wochen vor dem Pflanzen der Erdbeeren sollte die Grünmasse in den Boden eingearbeitet werden, damit das Pflanzenmaterial genügend Zeit hat sich zu zersetzen, wodurch die Nährstoffe wieder mineralisiert werden und den Erdbeerpflanzen zur Verfügung stehen.

Mulchen Erdbeerpflanzen werden zu Beginn der Fruchtentwicklung am besten mit reichlich Stroh oder Holzwolle unterlegt. Dadurch bleiben die Früchte trocken und sauber und die Gefahr von Fruchtfäule ist somit geringer. Außerdem bietet das Stroh einen Verdunstungsschutz für den Boden, unterdrückt Unkraut und – verteilt auf den Gängen zwischen den Pflanzreihen – verbessert es auch die Begehbarkeit des Beetes. Das Stroh darf aber auf keinen Fall zu früh untergelegt werden, da sich darin auch Feuchtigkeit und schädliche Krankheitserreger halten und entwickeln können.

Der optimale Zeitpunkt zum Unterlegen von Stroh ist Mitte Mai nach den Eisheiligen.

Gelegentlich werden auch Hobelspäne zum Unterlegen empfohlen. Sie locken allerdings Drahtwürmer (die Larven der Kurzflügler) an und sollten deshalb nicht verwendet werden.

Oft werden Erdbeeren auch auf schwarzer Mulchfolie angebaut. Früher wollte man damit hauptsächlich eine Ernteverfrühung durch die stärkere Erwärmung des Bodens erreichen. Allerdings ist dadurch höchstens eine Verfrühung um drei Tage möglich. Andere Vorteile sind aber auch die Unterdrückung von Unkraut, wodurch das regelmäßige Hacken entfällt, der Schutz vor Austrocknung und das Sauberhalten der Früchte.

Durch Unterlegen von Stroh bleiben die Früchte trocken und sauber.

Schwarze Mulchfolie unterdrückt Unkraut, schützt vor Austrocknung und hält die Früchte sauber.

Ernteverfrühung Wer es gar nicht abwarten kann im Frühjahr die ersten Erdbeeren zu ernten, kann durch bestimmte Maßnahmen eine Ernteverfrühung erzielen. Im Gewächshaus gezogene Erdbeeren können schon im April beerntet werden. In Folientunneln lässt sich die Erntezeit um zwei bis drei Wochen vorverlegen. Der Anbau auf schwarzer Folie bringt – wie schon erwähnt – nur eine Verfrühung von höchstens drei Tagen.
Eine weitere Möglichkeit ist die Verwendung von Lochfolien und Vlies. Das Vlies wird im Januar, die Folie dann im März aufgelegt. Sobald sich die ersten Blüten öffnen, muss die Abdeckung entfernt werden, damit eine ausreichende Befruchtung stattfinden kann. Auf diese Weise kann man die Reifezeit um etwa zehn Tage vorverlegen. Allerdings bleiben Ertrag und Fruchtgröße etwas kleiner als bei nicht abgedeckten Beeten.

Richtig Ernten Ab Juni ist es dann endlich so weit: Der Lohn der Arbeit wartet darauf geerntet zu werden. Damit man nicht noch zu guter Letzt mit einer Qualitätseinbuße durch einen falschen Erntezeitpunkt oder eine unsachgemäße Behandlung rechnen muss, sollte man auch beim Ernten einige Grundregeln beachten.

Die Ernte erfolgt am besten in den frühen Morgenstunden bei Trockenheit. Bei Regen geerntete Früchte schmecken verwässert. Erdbeeren werden mit dem Fruchtstiel gepflückt und in einem breiten, trockenen Behälter wie zum Beispiel einem Korb oder einem Spankörbchen gesammelt. Je schonender sie gepflückt und transportiert und je kürzer sie gelagert werden, umso besser ist ihre Qualität.

Vermehren Erdbeerpflanzen bilden im Laufe einer Saison zahlreiche Ausläufer, aus denen neue Jungpflanzen für das Folgejahr gezogen werden können. Ausnahmen sind die Monatserdbeeren, die keine Ausläufer bilden.

Zur Info

Der richtige Erntezeitpunkt

Erdbeeren sollten nur bei Vollreife geerntet werden.
Sie sind dann vollständig rot gefärbt, dürfen also keine hellen Stellen mehr haben. Sie sollten fest, trocken und sauber sein und dürfen auf keinen Fall schon anfangen weich oder sogar matschig zu werden. Noch nicht vollständig reife Erdbeeren sind zu fest, schmecken sauer und haben das typische intensive Aroma noch nicht entwickelt. Überreife Erdbeeren sind zu weich und schmecken nach Gras.

Nur vollreif geerntete Erdbeeren haben das typische, intensive Aroma.

Achtung: Sortenrechtlich geschützte Pflanzen dürfen nicht selber vermehrt werden!

Um Jungpflanzen für die nächste Saison zu erhalten, müssen diese zunächst noch mit einer intakten Verbindung zur Mutterpflanze bewurzelt werden. Wenn die Ausläufer etwa 40 cm lang sind, werden sie im Abstand von 15 bis 20 cm mit U-förmigen Drahtklammern auf dem Boden fixiert und 1 cm dick mit Erde bedeckt. Nach etwa vier bis sechs Wochen sind die Jungpflanzen dann bewurzelt und können von der Mutterpflanze getrennt werden. Hat man zuvor einen ausreichend großen Pflanzabstand eingehalten, können die Jungpflanzen an Ort und Stelle belassen werden. Ansonsten setzt man sie in ein neu angelegtes Beet.

Krankheiten und Schädlinge

Wie alle Nutzpflanzen sind auch Erdbeerpflanzen anfällig für bestimmte Krankheiten oder werden von so manchem Schädling befallen. Leider lassen sich die meisten dieser Erkrankungen nur durch die chemische Keule bekämpfen. Daher ist es bei Erdbeeren besonders wichtig von vornherein eine Infektion zu vermeiden.

Am besten wählt man nur Sorten aus, die gegen möglichst viele verschiedene Krankheitserreger resistent oder zumindest wenig anfällig sind. Des Weiteren sollte der Boden entsprechend vorbereitet sein, wobei vor allem Staunässe vermieden werden muss. Denn nur wenn die Pflanzen optimale Wachstumsbedingungen vorfinden, können sie sich in ihrer vollen Kraft und Gesundheit entwickeln und sind dann auch recht widerstandsfähig, wenn es doch einmal zu einer Infektion kommen sollte. Kümmerliche Pflanzen von empfindlichen Sorten, die auch noch ungünstige Wachstumsbedingungen vorfinden und nicht richtig gepflegt werden, fallen dagegen Krankheiten oder Schädlingen schnell zum Opfer. Die meisten Erkrankungen an Erdbeerpflanzen und deren Früchten werden von Pilzen verursacht. Im Folgenden werden die wichtigsten Krankheiten und Schädlinge an Erdbeeren aufgeführt. Auf den Einsatz chemischer Bekämpfungsmittel, wie sie im Erwerbsanbau eingesetzt werden, wird nicht hingewiesen, sondern es werden nur Maßnahmen beschrieben, wie einem Befall vorgebeugt werden kann.

Welche Krankheiten in einer Region besonders häufig auftreten, kann man beim Gärtner erfragen.

Zur Info

Gesunde Pflanzen

Maßnahmen zur Vorbeugung von Krankheits- oder Schädlingsbefall:

- *Auswahl von resistenten Sorten*
- *Gründliche, tiefgründige Bodenvorbereitung*
- *Vermeiden von Staunässe, eventuell Dammanbau*
- *Sonniger Standort*
- *Ausreichender Pflanzabstand*
- *Unterlegen von Stroh*
- *Entfernen des abgemähten Laubs*
- *Nur zweijährige Kultur*

Der eigenen Gesundheit und der Umwelt zuliebe sollte man auf chemische Mittel verzichten.

Fruchtfäule Je nach Erreger und Erscheinungsbild unterscheidet man bei Erdbeeren verschiedene Arten von Fruchtfäulen.

Die häufigste Art von Fruchtfäule ist der durch den Pilz Botrytis cinerea hervorgerufene Grauschimmel.

Am bekanntesten und wohl auch am häufigsten ist der von dem Pilz *Botrytis cinerea* verursachte **Grauschimmel.** Auf unreifen Früchten äußert er sich durch stellenweise Braunfärbung, die oft von der Kelchregion ausgeht. Befallene reife Früchte sind an einem flaumigen, grauen Belag zu erkennen. Dieser Pilz befällt nicht nur Erdbeeren, sondern fast alle absterbenden Pflanzenteile. Er überwintert auf abgestorbenen Erdbeerblättern. Wenn im Frühjahr die Pflanze neue Blätter bildet, entwickeln sich die Pilzsporen im Pflanzeninnern und infizieren Blütenblätter, Staubgefäße und den Blütenboden. Auf diese Weise gelangt der Erreger in die heranreifende Frucht. Zum Ausbruch der Infektion kommt es nur bei feucht-warmer Witterung. Bei trockenem, heißem Wetter kommt die Krankheit selten zum Tragen.

Bei der Anthraknose ist zu beachten, dass die Sporen des Pilzes bis zu 18 Monate im Boden überdauern können. Hat also eine Infektion stattgefunden, sollte der Erdbeeranbau in den Folgejahren auf einer anderen Fläche erfolgen.

Vorbeugend für alle Arten von Fruchtfäule wirkt ein ausreichender Pflanzabstand mit guter Durchlüftung und ein rechtzeitiges Unterlegen von Stroh. Befallene Pflanzenteile (Früchte, Blätter nach der Ernte) müssen sorgfältig entfernt werden. Auch das Anpflanzen von Knoblauch oder Zwiebeln zwischen den Erdbeerreihen beugt einem Grauschimmelbefall vor. Weniger anfällig sind Sorten, deren Laub nicht allzu dicht ist und deren Früchte über dem Laub reifen. Bei Gefahr von Fruchtfäule ist nur eine zweijährige Kultur anzuraten, um anschließend an anderer Stelle ein neues Erdbeerbeet anzulegen.

Eine andere Art von Fruchtfäule ist die so genannte **Lederbeerenfäule**, die von dem Pilz *Phytophthora cactorum* hervorgerufen wird, der auch die Rhizomfäule (s.u.) verursacht. Unreife Früchte verfärben sich braun und erhalten eine lederartige Beschaffenheit. Ein Befall reifer Früchte ist selten. Sie bekommen wässrig-weiche, milchige bis bläulich rote Faulstellen und einen bitteren Geschmack. Vorbeugung und Bekämpfung erfolgen entsprechend wie bei *Botrytis*-Befall.

Erst in den letzten Jahren mehr in Erscheinung getreten ist die **Anthraknose**, eine Fruchtfäule, die von dem Pilz *Colletotrichium gloeosporioides* hervorgerufen wird. Bei Befall zeigen reife und unreife Früchte große, runde, etwas eingesunkene Flecken, die zunächst braun und später schwarz gefärbt sind. Die Faulstellen sind trocken und fest. Sie vergrößern sich rasch, bis die ganze Frucht schließlich mumifiziert ist. Auch auf den Blättern und Ausläufern kommt es zu schwarzen Flecken. Besonders hoch ist die Ausbreitungs- und Infektionsgefahr bei Temperaturen über 24 °C und einer relativen Luftfeuchtigkeit über 96 %. Solche Bedingungen herrschen zum Beispiel beim Anbau unter Vlies oder Folie.

Kelchfäule Verursacht wird die Kelchfäule von dem Pilz *Gnomonia comari*. Ein Befall ist daran zu erkennen, dass kurz nach der Blüte die Kelchblätter vertrocknen und sich mitsamt dem Fruchtstiel braun verfärben. Vom Kelch aus breiten sich dann an grünen Früchten langsam, an reifen Früchten recht schnell braune, feste Faulstellen aus. An Blättern und Stielen erscheinen nach der Ernte dunkle, punktförmige Flecken. Später kann die Oberfläche sogar von einem gelben Sporenschleim überzogen sein. Befallenes Gewebe stirbt schließlich ab. Der Pilz überwintert an oberirdischen Pflanzenteilen. Eine Infektion erfolgt vor der Blüte. Eine wirksame Vorbeugung ist eine nur einjährige Kultur.

Rhizomfäule Die Rhizomfäule wird wie die Lederbeerenfäule (s.o.) von dem Pilz *Phytophthora cactorum* verursacht. Das Krankheitsbild tritt meistens etwa vier Wochen nach der Pflanzung oder kurz nach der Blüte auf. Die Herzblätter welken schlagartig, das Laub verfärbt sich und die Pflanze stirbt nach kurzer Zeit ab. Schneidet man das Rhizom durch, findet man eine braunrote, deutlich abgesetzte Zone von krankem Gewebe, welche den Wassertransport in die übrige Pflanze verhindert und somit zum Absterben führt. Die Sporen des Pilzes können viele Jahre im Boden überdauern. Staunässe und Temperaturen über 20 °C begünstigen eine Infektion. Die Erreger gelangen durch frische Wunden in die Pflanzen. Frigopflanzen sind besonders anfällig. Eine gute, lockere Bodenstruktur ohne Gefahr von Staunässe, frühzeitiges Unterlegen von Stroh, gesundes Pflanzgut und Gründüngung sind geeignete Vorbeugungsmaßnahmen. Eventuell ist auch eine einjährige Kultur anzuraten.

Bei allen Arten von Pilzinfektionen sollte man möglichst vermeiden, dass gesundes Pflanzgut mit infizierten Pflanzenteilen oder sporenhaltiger Erde in Kontakt kommt.

Rote Wurzelfäule Verursacher dieser Krankheit ist der Pilz *Phytophthora fragariae*. Eine Infektion erfolgt erst bei kühleren Temperaturen unter 15 °C etwa Ende September oder Anfang Oktober. Symptome zeigen sich erst im nächsten Frühjahr. Die Pflanzen bleiben in ihrer Entwicklung zurück, ältere Blätter welken oder sterben ab und die Bildung von Ausläufern ist deutlich gehemmt. Gräbt man die Pflanze aus, stellt man fest, dass die feinen Seitenwurzeln fehlen. Die Hauptwurzeln sehen dann wie „Rattenschwänze“ aus. Die Pflanze kann zwar im Laufe des Frühjahrs neue Wurzeln bilden und sich erholen, die Ertragsminderung bleibt aber erheblich. Staunässe fördert besonders diese Erkrankung. Daher sind gut durchlässige Böden oder eventuell sogar ein Anbau auf Dämmen die beste Vorbeugung. Die Sporen des Pilzes können bis zu 15 Jahre im Boden überdauern.

Schwarze Wurzelfäule Die Schwarze Wurzelfäule wird nicht nur durch einen Erreger verursacht, sondern ist eine so genannte Komplexkrankheit, die von mehreren Pilzen wie zum Beispiel *Pythium*- oder *Rhizoctonia*-Arten hervorgerufen wird. Ungünstige Bodenverhältnisse und Nematodenbefall begünstigen eine Infektion. Die an den Pflanzen saugenden Fadenwürmer (Nematoden) verursachen kleinste Verletzungen, durch welche die Erreger in die Pflanze gelangen. Das Krankheitsbild sind kümmerliche Pflanzen mit kleinen Blättern. Von den Hauptwurzeln lässt sich die Wurzelhaut leicht abziehen, wogegen die Wurzeln im Innern noch gesund sind. Vorbeugung ist das Verhindern von Staunässe und von Nematodenbefall.

Nematoden lassen sich wirksam durch Anpflanzen von Studentenblumen (Tagetes) bekämpfen.

Verticillium-Welke Werden die Pflanzen von *Verticillium albo-atrum* befallen, beginnen sie zur Erntezeit an warmen, trockenen Tagen zu welken. Bei feuchtem, bedecktem Wetter erholen sie sich wieder. Die älteren, äußeren Blätter bekommen nach kurzer Zeit braune, trockene Ränder, die jungen Blätter sind gestaucht, bleiben aber länger grün. Schneidet man das Rhizom einer befallenen Pflanze senkrecht durch, erkennt man um die Leitbündel und bei einzelnen Wurzeln eine Braunfärbung. Eine Bekämpfung ist nicht möglich. Frigopflanzen sind besonders anfällig. Beste Vorbeugung ist das Anpflanzen von resistenten Sorten.

Eine Bekämpfung von Verticillium-Welke ist nicht möglich.

Erdbeermehltau Der Mehltau an Erdbeeren wird durch den Pilz *Sphaerotheca macularis* hervorgerufen. Man erkennt ihn an einem mehligen Pilzbelag auf der Blattunterseite und am Einrollen der Blätter. Die Blütenblätter sind deformiert und rötlich gefärbt. Es bilden sich nur wenige Früchte. Unreife Früchte sind grünbraun und hart, reife Früchte sind weich mit einem weißen Belag. Der Pilz überwintert an den Erdbeerblättern. Die größte Infektionsgefahr besteht bei hoher Luftfeuchtigkeit und Temperaturen zwischen 18 und 25 °C. Zur Vorbeugung wählt man am besten offene, windige Lagen für den Anbau. Durch regelmäßiges, frühzeitiges Entfernen

Den Erdbeermehltau erkennt man an einem mehligen Belag auf der Blattunterseite und dem Einrollen der Blätter.

der Ausläufer sollte ein zu dichter Wuchs vermieden werden. Außerdem empfiehlt es sich das Laub im Herbst abzumähen und zu entfernen.

Weiß- und Rotfleckenkrankheit Diese Krankheiten werden von den Pilzen *Mycosphaerella fragariae* und *Diplocarpon earliana* verursacht. Sie sind an rotvioletten Flecken auf den Blättern zu erkennen. Die Weißflecken sind rund und haben ein weißes Zentrum. Die Rotflecken sind unregelmäßig geformt und besitzen kein weißes Zentrum. Die Pilze überwintern an den Erdbeerpflanzen. Hohe Luftfeuchtigkeit und starke Regenfälle begünstigen einen Ausbruch der Krankheit. Nicht zu dichter Wuchs, regelmäßiges Entfernen der Ausläufer und das Abmähen des Laubs im Spätsommer beugen einer Infektion vor. Befallene Blätter sollten sofort entfernt werden.

Eckige Blattfleckenkrankheit Im Gegensatz zu den bisher beschriebenen Krankheiten handelt es sich hierbei um eine Bakteriose. Die Krankheit wird von dem Bakterium *Xanthomonas fragariae* ausgelöst. Die ersten Symptome sind ölig-wässrige Flecken auf den Blättern. Eine so genannte Sekundärinfektion am Kelch führt dann zum Eintrocknen der Früchte. Hohe Luftfeuchtigkeit, wie sie beim Anbau auf und unter Folie vorkommt, sowie starke Niederschläge begünstigen diese Krankheit. Die beste Vorbeugung ist die Verwendung von garantiert befallsfreiem Pflanzenmaterial.

Erdbeerblütenstecher Der Erdbeerblütenstecher *Anthonomus rubi* gehört zur Familie der Rüsselkäfer. Er ist etwa 3 bis 4 mm groß und schwarzgrau gefärbt. Häufig fliegt er erst nach Blühbeginn in die Erdbeerpflanzen ein. Die Weibchen legen ihre Eier in den Blütenknospen ab. Gleichzeitig werden die Blütenstiele angenagt oder ganz durchgebissen, so dass die Blütenknospen abknicken, vertrocknen und abfallen. In der vertrockneten Knospe entwickeln sich dann die Käferlarven. In der Nähe von Waldrändern und Hecken ist die Gefahr eines Befalls am größten, da die Käfer von dort in die Erdbeerbeete einfliegen. Sie überwintern im Boden oder unter Laub und werden munter, wenn die Temperatur über 10 °C ansteigt. Ist mit einem Befall zu rechnen, sollte man Sorten anpflanzen, die viele Blüten bilden, damit durch den „Ausdünnungseffekt" trotzdem noch genügend Blüten für einen ausreichenden Fruchtansatz übrig sind. Befallene Knospen sollten möglichst entfernt werden.

Schadbild des Erdbeerblütenstechers

Samenlaufkäfer Der Laufkäfer *Pseudophonus pubescens* lebt vorwiegend räuberisch und ist daher eigentlich als Nützling anzusehen. Allerdings vergreift er sich gelegentlich auch an reifen Erdbeeren, indem er die Samen, also die kleinen Nüsschen, von der Frucht abfrisst. Mit einer Ablenkfütterung kann man ihn davon abhalten. Hierfür verteilt man zwischen den Erdbeerreihen Sojaschrot. Besonders gerne nimmt der Käfer das Sojaschrot an, wenn es zuvor mit etwas Brühe angefeuchtet wurde. Weitere Maßnahmen sind nicht notwendig.

Erdbeermilben Erdbeermilben (*Tarsonemus pallidus*) sind winzige, etwa 0,2 mm lange Tierchen, die auf den jungen, noch nicht entfalteten Erdbeerblättern leben. Durch ihre Saugtätigkeit schädigen sie das Blattgewebe. Die Blätter können sich nicht entfalten und verkrüppeln. Sie werden dann braun und vertrocknen. Die Bildung von Früchten und Ausläufern wird stark reduziert. Feuchtwarme Witterung, so genanntes Mehltauwetter, begünstigt auch einen Befall mit Erdbeermilben. Sie werden in der Regel durch Maschinen und Geräte verbreitet, so dass sie im Hausgarten weniger ein Problem darstellen. Sollte doch ein starker Befall auftreten, empfiehlt es sich im Folgejahr an anderer Stelle ein neues Beet mit befallsfreien Pflanzen anzulegen und das alte, befallene Pflanzgut zu vernichten.

Schnecken Wohl zu kaum einem anderen Schädling baut ein Gärtner solch negative Emotionen auf wie zu den Schnecken. Besonders bei feuchter Witterung wüten sie nicht nur im Salat und Gemüse, sondern machen auch vor den reifen Erdbeeren nicht Halt. Sie fressen Löcher in die Früchte und oft sind Blätter und Früchte mit verräterischen Schleimspuren und Schneckenkot bedeckt. Den meisten Schaden richten die gehäuselosen Weg- und Ackerschnecken an. Besonders wenn sich in der Nähe hohe Wiesen oder andere feuchte Unterschlupfmöglichkeiten befinden, wandern die Tiere von dort allabendlich in die Beete ein.

Zur Bekämpfung gibt es mehrere Möglichkeiten. Umweltschonend, aber mühsam ist das tägliche Absammeln und anschließende Töten der

Zur Info

Schneckenbekämpfung

Beim Schneckenkorn unterscheidet man metaldehydhaltige Präparate und Ferramol-Schneckenkorn.

Das metaldehydhaltige Schneckenkorn wird meistens angewendet und ist für Nützlinge unschädlich. Eine Alternative ist das Ferramol-Präparat. Es ist völlig ungiftig für andere Tiere und Menschen. Sein Wirkstoff Eisen-III-Phosphat ist ein natürlicher Bestandteil des Bodens und wird von den Kleinstlebewesen im Boden später wieder in Eisen und Phosphor gespalten. Daher ist es auch für den biologischen Anbau geeignet. Es bewirkt bei den Schnecken einen Fraßstopp, so dass sie nach einigen Tagen verenden, ohne jedoch abzuschleimen, wie es bei metaldehydhaltigen Präparaten der Fall ist.

Schneckenkorn wird zwischen den Reihen ausgestreut, wobei beim Ferramol-Schneckenkorn eine größere Menge erforderlich ist, um denselben Effekt zu erzielen.

Tiere, was nicht jedermanns Sache ist. Etwas anonymer erfolgt das Vernichten durch Bierfallen, die in den Boden eingegraben werden. Die Schnecken werden von dem Biergeruch angelockt und ertrinken in dem biergefüllten Gefäß. Eine weitere Maßnahme ist der Einsatz von Schneckenkorn, wenn gewährleistet ist, dass Kinder und Haustiere von den Flächen ferngehalten werden können.

Die gehäuselosen Wegschnecken können große Schäden an Erdbeeren anrichten.

Alternativen zum klassischen Erdbeerbeet

Erdbeerwiese Wer sich etwas weniger Arbeit machen möchte, aber dennoch nicht auf eine köstliche Erdbeerernte verzichten will, kann sich eine so genannte Erdbeerwiese anlegen. Hierfür werden bis August vier bis sechs Pflanzen pro Quadratmeter gesetzt. Sie bewachsen dann wie ein Bodendecker die gesamte Fläche, da sie sich durch ihre Ausläufer, die nicht entfernt werden, flächig ausbreiten. Zum Ernten kann man dann mit dem Rasenmäher Wege in das Erdbeerfeld mähen.

Für diese Art Anbau geeignet sind zum Beispiel die Sorten 'Spadeka' und 'Florika'. Sie sind durch Kreuzungen von Walderdbeeren mit Gartenerdbeeren entstanden und haben daher weitgehend das intensive Aroma der Walderdbeere behalten. Sie werden unter dem Begriff „Vescana-Erdbeeren" zusammengefasst. Die Früchte sind mittelgroß und man kann pro Quadratmeter von Mitte Juni bis Anfang Juli bis zu 2,5 kg ernten. Die Pflanzen sind sehr widerstandsfähig gegen Krankheiten und es treten auch keine Fruchtfäulen auf. Daher sind sie besonders für den biologischen Anbau, also ohne jeglichen Einsatz chemischer Mittel, bestens geeignet. Sie gedeihen sowohl an sonnigen als auch an halbschattigen Standorten. Sie bevorzugen humose Böden und brauchen nur wenig Dünger. Besonders vorteilhaft ist ihre Langlebigkeit. Man kann über sechs bis acht Jahre mit einem guten Ertrag rechnen. Vescana-Erdbeeren blühen meistens über dem Laub, lassen sich also auch bequem beernten.

Mit einer Erdbeerwiese lässt sich nicht nur ein klassisches Erdbeerbeet ersetzen, sondern man kann mit ihr auch ansonsten wenig genutzte Böschungen oder andere freie Flächen bewachsen lassen. Durch die dichte Pflanzendecke wird das Wachstum von Unkräutern unterdrückt. Eine Erdbeerwiese ist also wenig arbeitsintensiv und versorgt einen dennoch mit einem beachtlichen Ernteertrag.

Spaliererdbeeren Spaliererdbeeren zeichnen sich dadurch aus, dass sie lange Ranken bilden, die an einem entsprechenden Gerüst aufgebunden werden müssen. Sie eignen sich zum Pflanzen in Blumenkästen, in Kübeln sowie ins Freiland. Sie tragen von Juni bis Ende September viele mittelgroße, aromatische Früchte, die bequem von den hochgebundenen Ranken geerntet werden können. Werden sie in Pflanzgefäßen gezogen, müssen sie häufig gegossen und während der Reifezeit etwa einmal wöchentlich gedüngt werden.

Hängeerdbeeren sind dekorativ und liefern leckere Früchte.

Hängeerdbeeren Eine weitere Möglichkeit, den Nutzen von ertragreichen Erdbeerpflanzen mit einem dekorativen Effekt zu verbinden, ist das Anpflanzen von Hängeerdbeeren, die natürlich besonders für Hängeampeln oder -körbe geeignet sind. Im Erwerbsanbau werden sogar manchmal Hängeerdbeeren in mit Substrat gefüllte Foliensäcke gepflanzt, die auf spezielle Gestelle gelegt sind. Somit entfällt das lästige Bücken bei der Ernte.

Hängeerdbeeren sind als Jungpflanzen im Topf erhältlich. Die beste Pflanzzeit ist Mitte August bis Anfang Oktober sowie das zeitige Frühjahr. Pro Pflanzgefäß rechnet man zwei bis drei Pflanzen. In länglichen Blumenkästen sollte der Pflanzabstand 20 bis 25 cm betragen. In vielen Gärtnereien sind auch ab Anfang April fertig bepflanzte Hängeampeln zu kaufen.

Diese Erdbeeren bilden bis zu 40 cm lange Ranken, die herabhängen und laufend Blüten und aromatische Früchte bilden. Die Erntezeit erstreckt sich von Juni bis Anfang Oktober.

Erdbeertopf oder Erdbeerturm Eine ganz besonders attraktive Möglichkeit Erdbeeren auch auf Terrasse oder Balkon zu ziehen, ist das Bepflanzen eines so genannten Erdbeertopfes oder Erdbeerturms. Bei der Gestaltung sind der Fantasie keine Grenzen gesetzt. Man kann sich einen speziellen Erdbeertopf – manchmal auch als Kräutertopf bekannt – aus Terrakotta kaufen. Er besitzt rundherum und in verschiedenen Höhen Öffnungen, die mit Pflanzsubstrat gefüllt werden und in die jeweils eine Erdbeerpflanze gesetzt wird. Man kann auch einfach einen größeren Blumenkübel mit mehreren Erdbeeren bepflanzen oder mehrere Schalen versetzt zu einem Turm übereinander stapeln und die Erdbeeren dort hinein pflanzen. Je nach Platz und eigenem Geschmack lassen sich so die unterschiedlichsten Gefäße zu einem Erdbeerturm arrangieren.

Die Pflanzerde sollte mit Kompost und Hornspänen angereichert werden, damit die Pflanzen ausreichend mit Nährstoffen versorgt sind. Trotzdem empfiehlt es sich ab Juni wöchentlich zusätzlich nachzudüngen. Besonders bei trockenem Wetter muss reichlich gegossen werden, da die Erde in Pflanzgefäßen schnell austrocknet.

Geeignet sind hierfür die Monatserdbeeren mit den kleinen, aromatischen Früchten, da sie keine Ranken bilden. Aber auch remontierende Erdbeersorten lassen sich in solchen Gefäßen ziehen und versorgen einen monatelang mit leckeren Früchten. Hier kommen Sorten wie 'Ostara', 'Rapella' und 'Fresca' in Frage.

Besonders geeignet für das Bepflanzen eines Erdbeertopfes sind Monatserdbeeren, da sie keine Ausläufer bilden.

Zur Info

Was ist Erdbeerspinat?

Der Erdbeerspinat (Blitum capitatum) ist eine Wildpflanze aus Südeuropa. Er war früher ein häufig genutztes Gemüse, wurde dann aber wegen seiner kleineren Blätter und der kurzen Erntezeit vom Spinat verdrängt.

Zunächst sieht er dem Spinat sehr ähnlich. Nach der Blütezeit bildet dieses eigenartige Gemüse jedoch bis zu 30 cm lange Fruchtstände mit leuchtend roten Scheinbeeren, die ähnlich aussehen wie Monatserdbeeren. Sie schmecken süß, aber nicht so aromatisch wie Erdbeeren. Man kann die Pflanze wie Spinat anbauen und verwerten. Aber sie eignet sich eher als dekorative Zierpflanze in Töpfen oder Balkonkästen. Erdbeerspinat wird ab Mitte März bis in den Sommer hinein ausgesät.

Fit und Gesund

Fit und Gesund

Vitaminreiche Schlankmacher

Die Erdbeere ist ideal dazu geeignet, das Motto „Schlank und gesund mit Genuss" in die Tat umzusetzen. Sie schmeckt ausgezeichnet, hat wenig Kalorien und besitzt eine Reihe wertvoller Vitamine, Mineral- und Ballaststoffe. So kann man sich kalorienreduziert ernähren, ohne auf wichtige und gesundheitsfördernde Nährstoffe verzichten zu müssen, und gleichzeitig die leckeren Köstlichkeiten ohne Reue genießen.

Frisch auf den Tisch

Den höchsten Gehalt an wertvollen Inhaltsstoffen und das beste Aroma besitzt erntefrisches Obst und Gemüse. Längere Lagerzeiten beeinträchtigen die Wirkung der gesundheitsfördernden Stoffe und den Geschmack. Das trifft ganz besonders auf Erdbeeren zu. Diese Früchte gehören zu den empfindlichsten bei uns auf den Markt kommenden Obstarten. Sie sollten so schnell wie möglich nach der Ernte, spätestens am nächsten Tag verzehrt werden. Eine Frischegarantie hat man natürlich nur bei den im eigenen Garten geernteten oder auf dem Erdbeerfeld selbst gepflückten Früchten. Aber auch auf dem Wochenmarkt kommen Erdbeeren meist schon wenige Stunden nach der Ernte in den Handel.

Die wichtigsten Inhaltsstoffe der Erdbeere

Vitamin C Erdbeeren enthalten etwa doppelt so viel Vitamin C wie Zitrusfrüchte. Vitamin C oder Askorbinsäure ist allgemein bekannt als vorbeugendes Mittel gegen Erkältungskrankheiten und gegen Mangelerscheinungen wie Skorbut. Die gesundheitsfördernde Wirkung von Vitamin C ist aber noch wesentlich umfangreicher.

Vitamin C gehört neben Vitamin E, Karoten und den Mineralstoffen Selen, Zink, Mangan, Eisen und Kupfer zu den so genannten Antioxidantien. Diese Substanzen wirken als „Radikalfänger" im Organismus. Als Radikale bezeichnet man Atome oder Moleküle, die ein oder mehrere ungepaarte Elektronen besitzen. Dadurch sind sie

Zur Info

Optimaler Erdbeergenuss

Bei Kauf, Ernte und Zubereitung von Erdbeeren sollte man einige Punkte unbedingt beachten, damit Qualität, Aroma und gesundheitsfördernde Wirkung möglichst wenig beeinträchtigt werden.

- *Die Kelchblätter sollten immer frisch und grün aussehen, dann sind die Früchte auch frisch.*
- *Die Erdbeeren sollten sauber und fest sein. Früchte mit Druckstellen oder gar Schimmelbefall müssen weggeworfen werden beziehungsweise sollten erst gar nicht zur weiteren Verwertung gelangen.*
- *Erdbeeren sollten immer vorsichtig transportiert werden, am besten in einem flachen Korb, da sie sehr druckempfindlich sind.*
- *Je frischer Erdbeeren verzehrt werden, desto besser ist das Aroma. Schon bei einer Lagerung über Nacht im Kühlschrank verliert der Geschmack an Intensität.*
- *Die Früchte werden kurz vor dem Verzehr abgebraust und anschließend abgetropft oder mit einem Küchenkrepp vorsichtig trockengetupft.*
- *Erst nach dem Waschen werden Stiele und Kelchblätter entfernt, da die Früchte sonst zu viel Saft und Aroma verlieren.*
- *Erst kurz vor dem Servieren zuckern (falls gewünscht), da die Früchte sonst zu viel Saft ziehen und weich werden.*

chemisch instabil und sehr reaktiv. Um in einen stabileren Zustand zu gelangen, rauben sie anderen Verbindungen Elektronen, indem sie diese regelrecht aus den Molekülen heraussprengen. Dadurch wird die betroffene Zelle geschädigt oder gar zerstört. Radikale entstehen zum Beispiel durch UV-Einstrahlung, durch Aufnahme von Schadstoffen oder durch Stoffwechselstörungen. Über verschiedene Stationen des Zellstoffwechsels verursachen freie Radikale Störungen der Wachstumssteuerung und es kann zu unkontrollierten Zellteilungen kommen, was zu Krebs führen kann. Somit können Antioxidantien Krebs hemmen.

Vitamin C soll besonders wirksam gegen Magenkrebs sein, da es schon im Magen in hohen Konzentrationen aufgenommen wird und dort die Krebs verursachenden Stoffe hemmt.

Nicht nur für Kinder sind Erdbeeren eine gesunde Nascherei.

Inhaltsstoffe von Erdbeeren pro 100 g Fruchtfleisch

Brennwert	33 kcal
Wasser	90 g
Ballaststoffe	2,0 g
Eiweiß	0,82 g
Fett	0,4 g
Kohlenhydrate	6,45 g
ungesättigte Fettsäuren	0,2 g
Cholesterin	0,0 g
Mineralstoffe gesamt	0,50 g
Natrium	2,5 mg
Kalium	147,0 mg
Magnesium	15,0 mg
Kalzium	26,0 mg
Phosphor	29,0 mg
Eisen	1,0 mg
Zink	0,12 mg
Karoten	49,0 µg
Vitamin B1	31,0 µg
Vitamin B2	54,0 µg
Vitamin B6	60,0 µg
Vitamin C	64,0 mg
Vitamin E	0,12 mg
Vitamin K	13,0 µg
Nicotinamid	0,51 mg
Pantothensäure	0,30 mg
Biotin	4,0 µg
Folsäure	16,0 µg

Die allgemeine Stärkung der Abwehr durch Vitamin C beruht darauf, dass die weißen Blutkörperchen, welche schädliche Bakterien und Viren angreifen, eine hohe Vitamin-C-Konzentration besitzen. Sind sie also ausreichend damit versorgt, können sie aus dem Kampf mit den Krankheitser-

Der Gehalt an wertvollen Vitaminen und Mineralstoffen ist bei frisch geernteten Erdbeeren am höchsten.

regern als Sieger hervorgehen.

Auch für Allergiker ist Vitamin C von Bedeutung. Allergische Reaktionen werden durch eine übermäßige Histaminausschüttung bei Kontakt mit allergieauslösenden Stoffen verursacht. Vitamin C wirkt hier als Antihistaminikum. Es bindet überschüssiges Histamin und baut es ab.

Vitamin C kann auch Arteriosklerose vorbeugen, indem es die Cholesterinablagerungen angreift und die Arterienwände schützt. In Verbindung mit bioaktivem Eiweiß, wie es zum Beispiel in Soja oder Hülsenfrüchten vorhanden ist, regt Vitamin C die Drüsentätigkeit und somit das sympathische Nervensystem an. Dadurch werden die Gefäße verengt und der Kreislauf aktiviert. Somit kann es auch als Mittel gegen niedrigen Blutdruck angesehen werden.

Die Produktion von Hormonen und Neurotransmittern (sind für die Weiterleitung von Nervenreizen verantwortlich) wird auch durch Vitamin C gefördert. Somit sorgt es für einen ausgeglichenen Hormonhaushalt und die Ausschüttung von so genannten „Glückshormonen“, was zu einer positiven Lebenseinstellung führt.

Eisen Im Vergleich zu den vielen anderen Früchten besitzen Erdbeeren mit 1,0 mg pro 100 g einen relativ hohen Eisengehalt und gelten schon seit jeher als blutbildend. Der Tagesbedarf eines erwachsenen Menschen liegt bei etwa 10 bis 15 mg, wobei sich bei Schwangeren der Bedarf verdoppelt. Eisen ist ein wichtiger Bestandteil des Hämoglobins, also des in den roten Blutkörperchen enthaltenen Blutfarbstoffs. Die Blutkörperchen transportieren den Sauerstoff von der Lunge in alle Körperbereiche. Bei Hämoglobinmangel wird daher der Körper nicht ausreichend mit Sauerstoff versorgt, was beispielsweise zu Abgeschlagenheit, Konzentrationsschwäche und Hautblässe führt. Auch in einigen wichtigen Enzymen ist Eisen enthalten. Damit das in pflanzlicher Nahrung enthaltene Eisen besser vom Körper aufgenommen werden kann, sollte es immer in Verbindung mit Vitamin C verzehrt werden. Daher stellt die Erdbeere mit ihrem hohen Vitamin-C-Gehalt eine ideale pflanzliche Eisenquelle dar.

Asparaginsäure Der Name stammt von dem wissenschaftlichen Gattungsnamen *Asparagus* für Spargel, da dieses Gemüse für seinen hohen Gehalt an Asparaginsäure bekannt ist. Allerdings hat man festgestellt, dass Erdbeeren tatsächlich doppelt so viel Asparaginsäure enthalten wie Spargel.

Asparaginsäure gehört zu den Aminosäuren. Sie regt den Stoffwechsel an, wirkt harntreibend und entschlackend und wird als mildes Entwässerungsmittel angesehen. Daher werden in der Naturheilkunde Spargel und natürlich Erdbeeren – kurmäßig angewendet – zur Behandlung von Wasseransammlungen in Geweben empfohlen. Es gibt sogar Erdbeertabletten zur Entwässerung.

Flavonoide Flavonoide sind so genannte sekundäre Pflanzenstoffe. Wie das Karoten zählen sie zu den Pflanzenfarbstoffen. Sie verleihen den Früchten aber nicht nur ihre kräftige Farbe, sondern beeinflussen auch den Oxidationsstoffwechsel der Pflanze. Sie verbessern die Zellatmung, verlangsamen die Zellalterung und sollen auch vorbeugend gegen Krebs und Herzinfarkt wirken. Als so genannte „biogene Radikalfänger" schützen sie das Erbgut vor den schädlichen Einflüssen der freien Radikale, die durch Umweltgifte und UV-Strahlung entstehen. Flavonoide verhindern auch die Oxidation von Vitamin C im Körper und unterstützen somit noch dessen antioxidative Wirkung. Sie sollten nie isoliert, sondern immer zusammen mit Vitaminen und Mineralstoffen, wie sie in den frischen Erdbeeren enthalten sind, aufgenommen werden.

In der Fähigkeit freie Radikale zu absorbieren liegt beim Obst die Erdbeere nach der Heidelbeere auf dem zweiten Platz vor allen anderen Obstarten.

Bevor man eine Entwässerungskur mit Erdbeeren oder Erdbeertabletten beginnt, sollte man vom Arzt abklären lassen, welche Ursache die Wasseransammlungen haben und ob solch eine Kur zu empfehlen ist.

Quercetin zählt zu den Flavonoiden, die in der Erdbeere nachgewiesen wurden. Durch seine antioxidative Wirkung kann es die Bildung von Nitrosaminen im Magen hemmen. Nitrosamine können im Magen aus Nitrat und Eiweißverbindungen entstehen und gelten als krebserregend.

Flavonoide stärken auch die Immunabwehr und mildern allergische Reaktionen, da sie als natürliche Antihistaminika wirken. Sie verhindern weiterhin die Verengung von Blutge-

Zur Info

Gesund durch Erdbeeren

Aufgrund medizinischer Untersuchungen vermutet man, dass die bioaktiven Substanzen in Erdbeeren folgende Wirkungen auf die Gesundheit haben:

- *Krebsvorbeugend*
- *Abtöten von Mikroorganismen*
- *Antioxidativ*
- *Stimulierung des Immunsystems*
- *Entzündungshemmend*
- *Blutdruckregulierend*
- *Cholesterinsenkend*

fäßen, wirken somit blutdrucksenkend und beugen damit der Infarktgefahr vor.

■ Gesund und schlank mit Erdbeeren

Erdbeerkur Eine kurmäßige Anwendung von Erdbeeren bedeutet wiederholt reine Obsttage einzulegen, an denen nur 1,5 bis 2 kg Erdbeeren gegessen werden. Sie wirken nicht nur entwässernd, sondern sie helfen auch bei Verstopfung, Gelenkrheumatismus, Gicht, Nierenleiden und Kreislaufstörungen.

Außerdem lässt sich dadurch auf angenehme Art abnehmen, da Erdbeeren nur 33 kcal pro 100 g Fruchtfleisch enthalten und trotzdem den Körper mit wertvollen Vitaminen, Mineral- und Ballaststoffen versorgen.

Erdbeeren als Appetitzügler Ein paar Erdbeeren vor jeder Mahlzeit bremsen das Hungergefühl, so dass die anschließend aufgenommene Nahrungsmenge geringer ausfallen kann.

Auch wenn Heißhunger auf etwas Süßes eintritt, sollte man Erdbeeren essen, wenn man den Griff zur kalorienreichen Schokolade vermeiden will oder sollte. Der Wunsch nach etwas Süßem wird gestillt und die Menge der Kalorien hält sich in Grenzen.

Die Walderdbeere als Heilpflanze Die Walderdbeere wird von den Menschen schon viel länger geschätzt und

Nicht nur die Früchte der Walderdbeere sind gesund, auch Blätter und Wurzeln enthalten heilende Wirkstoffe.

angebaut als die Kulturerdbeere. Die ursprüngliche Verwendung beschränkte sich aber nicht nur auf den Verzehr der aromatischen, kleinen Früchte, sondern die gesamte Pflanze galt schon seit jeher als vielseitiges Heilmittel.

Die Wurzel der Walderdbeere wirkt appetitanregend, blutreinigend und harntreibend. Als Aufguss wird sie vor allem bei Gicht, Arthritis, Rheuma und Ischias angewendet. Der Sud ist auch ein Hausmittel gegen geschwollenes Zahnfleisch.

Die Blätter der Walderdbeere enthalten Gerbstoffe und ätherische Öle. Sie besitzen eine ähnliche Wirkungsweise wie die Wurzel, helfen zusätzlich aber noch bei Durchfall und Hämorriden. In Verbindung mit Brombeerblättern und Pfefferminze lässt sich aus jungen Blättern ein schmackhafter, gesunder Tee zubereiten, der oft als Ersatz für Schwarzen Tee verwendet wird.

Die Blätter werden mit Stielen geerntet (es dürfen auch ruhig einige Blüten dabei sein) und an einem gut durchlüfteten aber schattigen Ort getrocknet. Als Heilmittel kocht man einen Teelöffel Erdbeerblätter mit einer Tasse Wasser auf. Über den Tag verteilt trinkt man davon zwei bis drei Tassen ungesüßt.

Als Genussmittel überbrüht man einen Esslöffel voll Erdbeerblätter mit einer Tasse Wasser und lässt sie einige Minuten ziehen. Dieser Tee, gerne in Verbindung mit einigen Früchten, soll ganz besonders gegen Beschwerden im Kopfbereich wie Migräne oder Kopfschmerzen wirken. Bei chronischen Beschwerden muss der Tee aber über längere Zeit, am besten über mehrere Monate angewendet werden.

Auch für die Schönheitspflege lassen sich die Blätter von Walderdbeeren verwenden: Eine Handvoll Blätter ins Badewasser gegeben hilft bei empfindlicher und entzündeter Haut.

Das pürierte Fruchtfleisch kann bei trockener und faltiger Haut als glättende und erfrischende Maske aufgetragen werden.

Die höchste Heilkraft entwickeln die Erdbeerblätter übrigens während der Blütezeit.

Als Mittel gegen Durchfall kann man Erdbeerblätter auch mit Brombeerblättern, Johanniskraut und Kamille kombinieren.

Aus getrockneten Erdbeerblättern lässt sich ein gesunder Tee zubereiten.

Zur Info

Vorsicht im Wald

Beim Sammeln von Walderdbeeren ist Vorsicht geboten.

Seit dem Auftreten des Fuchsbandwurmes muss leider davon abgeraten werden, die bodennah wachsenden Walderdbeeren in freier Natur für den Rohverzehr zu sammeln. Nur wenn man die Früchte vorher erhitzt und somit den Parasit abtötet, ist ein Verzehr unbedenklich.

Feine Rezepte

Feine Rezepte

Erdbeeren – immer ein Genuss

Den höchsten Erdbeergenuss bieten frische, vollreife Früchte. Daher ist es sowohl für den Selbsterzeuger als auch beim Erdbeerkauf besonders wichtig darauf zu achten, frische und qualitativ hochwertige Ware zu erhalten.

Um während der Erdbeersaison an frische Früchte zu gelangen, gibt es verschiedene Möglichkeiten. Am besten ist es natürlich die Erdbeeren im eigenen Garten zu ernten. So bekommt man sie garantiert pflückfrisch auf den Tisch und weiß, dass sie ohne chemische Pflanzenschutzmittel und Kunstdünger gewachsen sind. Die nächste Möglichkeit sind Erdbeerplantagen zum Selbst pflücken. Hier kann man auf großen Erdbeerfeldern so viel ernten wie man benötigt, wobei der Preis pro Gewichtseinheit meist günstiger ist als auf dem Markt oder im Lebensmittelgeschäft.

Wer sich nicht die Arbeit des Selber pflückens machen will oder keine Zeit dafür hat, kauft frische Erdbeeren auf dem Wochenmarkt oder im Supermarkt beziehungsweise Lebensmittelgeschäft. Hierbei sollte man besonders auf makellose Früchte achten, da die in Schalen abgepackten Erdbeeren schnell faulen, wenn sie schon einen längeren Transport oder eine längere Lagerung hinter sich haben.

Wer selber pflücken möchte, sollte sich Erdbeerfelder aussuchen, die nicht direkt an stark befahrenen Straßen liegen, da hier die Erdbeeren durch den Schadstoffausstoß der Kraftfahrzeuge belastet sein können.

Hat man die Möglichkeit Erdbeeren aus Bioanbau zu bekommen, sollte man ihnen den Vorzug geben. Durch übermäßige Nitratdüngung zum Beispiel wachsen die Früchte zwar schnell heran und werden recht groß, aber häufig auf Kosten des Aromas. Daher sollte man lieber kleinere Früchte wählen, wenn sie dafür ein intensives, gutes Aroma besitzen. Außerdem ist es bei Früchten, die man frisch und im Ganzen verzehrt – wie es ja bei Erdbeeren meistens der Fall ist – besser, wenn die Pflanzen möglichst wenig mit chemischen Pflanzenschutzmitteln in Berührung gekommen sind.

Frische Erdbeeren sind wegen ihres hohen Wassergehaltes empfindlich und nicht lange haltbar. Sie können zwar noch im Kühlschrank aufbewahrt werden, sollten aber spätestens am zweiten Tag verwertet werden. In der 0°-Zone sind sie je nach Frische und Qualität zwei bis fünf Tage haltbar.

Erdbeeren immer zuerst waschen und abtropfen lassen, dann Stiele und Kelche entfernen, damit möglichst wenig Saft und Aroma verloren gehen.

Erdbeeren konservieren

Den vollen Genuss und das typische Aroma bieten natürlich nur frische Erdbeeren. Aber trotzdem möchte man sie doch auch für die erdbeerlose Jahreszeit konservieren. Hierfür gibt es verschiedene Möglichkeiten.

Erdbeermarmelade zu kochen ist eine davon. Bei dieser Art der Verarbeitung ändern sich zwar Farbe und Geschmack der Früchte, aber der leckere Brotaufstrich ist nach wie vor sehr beliebt und vom Frühstückstisch kaum wegzudenken. Bei roh gerührten Marmeladen (vgl. Rezept Seite 62) muss man bedenken, dass sie gekühlt aufbewahrt und innerhalb von drei Monaten verzehrt werden sollten.

Eine weitere Art der Haltbarmachung ist das Einfrieren. Nicht alle Erdbeersorten sind gleich gut dafür geeignet, daher sollte man hierbei auf die richtige Sorte achten. Die Früchte werden zunächst auf einem Tablett oder einen Teller nebeneinander gelegt und vorgefroren. Die hart gefrorenen Erdbeeren werden anschließend in Gefrierbeutel oder -dosen gefüllt und endgültig eingefroren. Will man zuvor gefrorene Erdbeeren roh oder als Kuchenbelag verzehren, sollten sie langsam bei Zimmertemperatur aufgetaut werden. Ihr volles Aroma erreichen sie erst, wenn sie auf 10 bis 15 °C erwärmt sind. Auch frische Erdbeeren sollten nicht zu stark gekühlt serviert werden, damit sich das Aroma voll entfalten kann.

Aus Erdbeeren Kompott zu kochen ist auch möglich, aber nicht so verbreitet. Die Früchte verlieren ihre schöne Farbe und das typisch frische Aroma. Außerdem müssen sie sehr schonend eingekocht werden, da sie sonst zu weich werden oder gar zerfallen.

Was zu Erdbeeren passt

Erdbeeren werden in der Küche meistens roh zu Süßspeisen verarbeitet. Es gibt nur wenige Rezepte, die Erdbeeren auch mal mit pikanten Zutaten wie Fleisch oder Gemüse kombinieren oder in denen sie erhitzt oder gegart werden.

Zur Info

Zucker schützt vor Giftstoffen

Über die Schimmelbildung bei Marmeladen und wie man damit umgeht, gibt es unterschiedliche Auffassungen.
Wenn man eine Marmelade im herkömmlichen Verfahren mit einem Frucht-Zucker-Verhältnis von 1:1 zubereitet hat, kann man den verschimmelten Bereich großzügig entfernen und den Rest unbedenklich verzehren. Hat man weniger Zucker verwendet oder einen Gelierzucker benutzt, bei dem das Mischungsverhältnis bei 2:1 oder 3:1 liegt, muss die gesamte Marmelade weggeworfen werden, wenn eine Schimmelbildung vorliegt. Der Grund dafür ist, dass bei einem hohen Zuckergehalt (1:1) die Schimmelpilze keine giftigen Stoffe bilden können, die in die restliche Marmelade einwandern. Ist der Zuckergehalt geringer, entstehen solche Stoffe, die dann die gesamte Marmelade durchsetzen und sie dadurch gesundheitsschädigend machen.

1 EL	=	*1 Esslöffel*
1 TL	=	*1 Teelöffel*
1 P	=	*1 Päckchen*
1 Bd	=	*1 Bund*

Erdbeeren, die innen hohl und weißlich sind, eignen sich nicht so gut zum Einfrieren oder für andere Arten der Konservierung, da sie weich werden und ihre Farbe verlieren.

Zu Erdbeeren passen sehr gut alle Arten von sahnigen oder cremigen Zutaten wie Milch oder Schlagsahne, Vanille- oder Sahneeis, Jogurt, Quark oder Frischkäse, aber auch zum Beispiel Avocados mit ihrer cremigen Konsistenz und dem neutralen Geschmack harmonieren mit Erdbeeren.

Erdbeeren passen grundsätzlich zu allen anderen Obstarten, so dass man zum Beispiel bei der Zubereitung von Obstsalat immer wieder neue Variationen ausprobieren kann.

Eingekocht & Eingelegt

Erdbeer-Rhabarber-Marmelade

Zutaten für 6 Gläser

500 g	Erdbeeren
500 g	Rhabarber
1 kg	Gelierzucker
4 EL	Rum

- Erdbeeren waschen, abtropfen lassen und entkelchen, dann zerdrücken, aber nicht vollständig pürieren
- Rhabarber waschen und abtrocknen, die äußeren Fasern entfernen und die Stängel in 1 cm lange Stücke schneiden
- Erdbeeren, Rhabarber und Gelierzucker miteinander vermischen und 1 Stunde ziehen lassen
- Die Masse unter Rühren aufkochen, 2 - 4 Minuten (siehe Packungsaufschrift Gelierzucker) brausend kochen lassen und dann Gelierprobe machen
- Anschließend den Rum unterrühren, die Marmelade in vorbereitete, saubere Gläser füllen und sofort verschließen.

TIPP

Je nach Geschmack lassen sich die Fruchtarten auch in anderen Mengenverhältnissen miteinander kombinieren.

Erdbeer-Essig

Zutaten für 1 Flasche

1/2 l	Sherry-Essig
100 g	kleine Erdbeeren

- Die Erdbeeren waschen, abtropfen lassen und entkelchen
- Erdbeeren zusammen mit dem Essig in ein Glas geben und etwa zwei Wochen an einem hellen Ort durchziehen lassen
- Danach den Essig abseihen, in eine Flasche füllen und kühl und dunkel aufbewahren
- Den Erdbeer-Essig möglichst bald verbrauchen.

TIPP

Erdbeer-Essig passt vor allem zu leichten, sommerlichen Salaten.

Roh gerührte Erdbeermarmelade

Zutaten für 6 Gläser

1 kg	Erdbeeren
1 kg	Gelierzucker
	Saft einer Zitrone
4 EL	Himbeergeist

- Die Erdbeeren waschen, mit einem Küchenkrepp vorsichtig trockentupfen und von den Kelchblättern befreien
- Die Früchte in einem Mixer gründlich pürieren
- Dann bei laufendem Mixer nach und nach den Zitronensaft und den Gelierzucker hinzugeben
- So lange mixen, bis sich der Zucker vollständig gelöst hat und die Masse zu glänzen beginnt
- Die Marmelade etwa 15 Minuten ruhen lassen, damit die Luftblasen entweichen können
- Marmelade in saubere Gläser füllen und auf die Oberfläche jeweils etwas Himbeergeist träufeln
- Gläser dicht verschließen, im Kühlschrank aufbewahren und innerhalb von drei Monaten verbrauchen.

TIPP

Statt Himbeergeist können auch andere hochprozentige Spirituosen verwendet werden, da der Alkohol hauptsächlich dem Abtöten von Keimen dient.

Marinierte Erdbeeren

Zutaten für 4 Personen

500 g	kleine, aromatische Erdbeeren oder Walderdbeeren
2 EL	Aceto balsamico (italienischer Gewürzessig aus Traubenmost)
1-2 EL	Zucker

- Erdbeeren waschen, abtropfen lassen und entkelchen
- In eine Schüssel geben, mit dem Zucker bestreuen und dem Essig beträufeln
- Vorsichtig vermischen und etwa 1 Stunde bei Zimmertemperatur durchziehen lassen
- Vor dem Servieren kurz in den Kühlschrank stellen.

TIPP

Marinierte Erdbeeren kann man pur verzehren oder sie zum raffinierten Verfeinern von pikanten Fleisch- oder Fischgerichten verwenden.

Hauptgerichte mit Erdbeeren

Spargel-Erdbeer-Salat

- Weißen Spargel ganz, grünen am Stielende schälen und in Stücke schneiden
- Wasser mit Salz, Zucker und Butter aufkochen
- Weißen Spargel etwa 15 Minuten darin kochen, grünen nach 5 Minuten zufügen und mitgaren, dann abgießen und abschrecken
- Spitzkohl in Streifen schneiden
- Erdbeeren waschen, entkelchen und in Scheiben schneiden
- Essig mit Salz und Pfeffer würzen, Öl darunter schlagen
- Spargel, Kohl und Erdbeeren auf einer Platte anrichten und mit der Marinade beträufeln
- Vor dem Servieren mit Parmesan und Kerbelblättchen bestreuen.

Zutaten für 4 Personen

250 g	weißer Spargel
250 g	grüner Spargel
	Salz
1	Prise Zucker
1 EL	Butter
1/2	Kopf Spitzkohl
250 g	Erdbeeren
3 EL	Himbeeressig
5 EL	Sonnenblumenöl
	Pfeffer
50 g	fr. gehobelter Parmesan
1 Bd	Kerbel

TIPP

Der Spargel sollte noch „Biss" haben.

Crêpes mit Erdbeerfüllung

- Mehl, Milch, Eier, Zucker und Salz zu einem dünnen Teig verrühren
- 1 EL Butter schmelzen und unter den Teig rühren
- Teig 15 Minuten ruhen lassen
- In der Zwischenzeit die Erdbeeren waschen, abtropfen lassen, entkelchen und halbieren
- Mit Vanillinzucker und Mandelstiften vermischen
- In einer beschichteten Pfanne in jeweils etwas zerlaufener Butter dünne Crêpes goldgelb backen
- Die Erdbeeren auf den Crêpes verteilen, aufrollen und warm stellen
- Vor dem Servieren mit Puderzucker bestäuben.

Zutaten für 2 Personen

100 g	Weizenmehl
1/4 l	Milch
2	Eier
1 EL	Zucker
1	Prise Salz
2 EL	Butter
500 g	Erdbeeren
2 P	Vanillinzucker
30 g	Mandelstifte
	Puderzucker zum Bestäuben

TIPP

Man kann die Erdbeeren auch kurz erhitzen und dann zu Crêpes oder Pfannkuchen servieren.

Erdbeerknödel

Zutaten für 4 Personen

500 g	große Erdbeeren
500 g	Quark
500 g	Mehl
1	Ei
1/2 TL	Salz
20 g	Butter

Zum Bestreuen

200 g	gemahlene Haselnüsse
200 g	Puderzucker
125 g	zerlassene Butter

TIPP

Anstelle von Haselnüssen kann man auch Hüttenkäse verwenden.

- Möglichst gleich große Erdbeeren waschen, abtupfen und entkelchen
- Quark, Mehl, das Ei, Salz und Butter zu einem festen Teig verkneten. Der Teig darf nicht klebrig sein
- Auf einer bemehlten Fläche eine Rolle formen, deren Durchmesser etwa der Erdbeergröße entspricht
- 2 cm dicke Scheiben abschneiden und in der Hand zu einem Küchlein formen
- Jeweils eine Erdbeere darin einwickeln und die Ränder gut zusammendrücken
- In Mehl wenden
- Die Knödel vorsichtig in einen großen Topf mit kochendem Wasser geben und nochmals aufkochen
- Sobald sie an der Oberfläche schwimmen, mit einem Schaumlöffel herausnehmen
- Die Erdbeerknödel auf Tellern anrichten, mit Haselnüssen und Puderzucker bestreuen und mit zerlassener Butter übergießen.

Blattsalat mit Erdbeeren und Putenbrust

Zutaten für 4 Personen

1	Kopf Blattsalat
500 g	Erdbeeren
100 g	Alfalfa-Sprossen
1	Bund Basilikum
1	Becher Crème fraîche
1	Becher Jogurt
	Essig, Salz und Schwarzer Pfeffer
300 g	Putenbrust
	Butterschmalz zum Anbraten

- Salat waschen, abtropfen lassen und klein zupfen
- Erdbeeren waschen, abtropfen lassen, entkelchen und in Scheiben schneiden
- Basilikum fein hacken und mit Crème fraîche und Jogurt vermischen
- Mit Essig, Salz und Pfeffer abschmecken
- Salat, Sprossen und Erdbeeren auf vier Teller verteilen und die Salatsoße darüber geben
- Die Putenbrust knusprig anbraten, in feine Streifen schneiden, rund um den Salat anrichten und sofort servieren.

TIPP

Statt Putenfleisch kann man auch Lamm- oder Straußenfilet verwenden.

Desserts & Süßspeisen

Erdbeer-Tiramisu

Zutaten für 4 bis 6 Personen

1	kg	Erdbeeren
200	g	Zucker
1	EL	Zitronensaft
1		Packung Löffelbiskuit
4		Eigelb
250	g	Mascarpone
250	g	Magerquark
50	g	Zartbitterschokolade

TIPP
Statt Löffelbiskuit kann man auch Biskuitteigreste verwenden.

- Die gewaschenen und entkelchten Erdbeeren (einige Erdbeeren zum Verzieren aufbewahren) halbieren, mit 100 g Zucker und dem Zitronensaft vermischen und eine Stunde ziehen lassen
- Eine Auflaufform mit der Hälfte der Biskuits auslegen
- Die Eigelbe mit dem restlichen Zucker schaumig schlagen
- Mascarpone und Quark unter die Eigelbmasse ziehen
- Die Hälfte der Erdbeeren mit dem Saft auf den Biskuits verteilen
- Darüber die Hälfte der Creme streichen und die restlichen Biskuits darauf schichten
- Mit den restlichen Erdbeeren bedecken und die übrige Creme darauf verteilen
- Die Schokolade in feine Locken hobeln und aufstreuen
- Mit den aufbewahrten Erdbeeren verzieren.

Avocadocreme mit Erdbeeren

Zutaten für 4 Personen

350	g	Erdbeeren
1		große Avocado
1	EL	Cointreau
		Saft von einer halben Zitrone
3	EL	Ahornsirup
1	EL	Sanddornsaft
100	ml	Sahne
1		Vanilleschote

- Erdbeeren waschen und abtropfen lassen. 4 schöne zur Seite legen, den Rest entkelchen und vierteln
- Mit Cointreau beträufeln und 15 Minuten ziehen lassen
- Die Avocado längs halbieren, den Stein entfernen und das Fruchtfleisch mit einem Löffel herauslösen
- Mit Zitronensaft, Ahornsirup, Sanddornsaft und dem Mark der Vanilleschote pürieren
- Sahne steif schlagen und unterheben
- Die Creme in 4 Dessertschalen verteilen, am Rand die geviertelten Erdbeeren verteilen und jeweils mit einer ganzen Frucht garnieren.

TIPP
Das Avocadofruchtfleisch sollte sofort mit den Zutaten püriert werden, damit es nicht braun wird.

Gratinierte Erdbeeren

- Die gewaschenen und entkelchten Erdbeeren halbieren und in vier feuerfeste Schälchen schichten
- Butter schmelzen und mit den restlichen Zutaten im heißen Wasserbad zu einer steifen Creme verrühren
- Die Creme über die Erdbeeren verteilen und im vorgeheizten Backofen bei 200 °C etwa 10 Minuten goldbraun überbacken
- Etwas abkühlen lassen, mit Puderzucker bestäuben und lauwarm servieren.

TIPP

Man kann die Erdbeeren auch noch mit gemahlenen Mandeln oder Haselnüssen und Zimt bestreuen und anschließend die Creme darüber geben.

Zutaten für 4 Personen

500 g	Erdbeeren
2 EL	Butter
20 g	Zucker
1 P	Vanillinzucker
3 EL	Weinbrand
1/8 l	Sahne
4	Eigelb
	Puderzucker zum Bestäuben

Erdbeerpastete mit Ricotta

- Die Erdbeeren waschen, trockentupfen, entkelchen und in kleine Stücke schneiden (4 Stück zum Verzieren aufbewaren)
- Mit dem Zucker und zwei Drittel des Weins vermischen und 20 Minuten ziehen lassen
- Die Marmelade mit 1 EL Wein erhitzen, glatt rühren und damit die Pasteten bestreichen
- Den restlichen Wein und den Puderzucker mit dem Ricotta verrühren
- Die Sahne steif schlagen und unter die Masse heben
- Die Pasteten bei 175 °C im vorgeheizten Backofen 5 - 10 Minuten backen
- Dann abwechselnd mit Creme und abgetropften Erdbeeren füllen
- Als oberste Schicht Creme verwenden und mit Baiserbröseln bestreuen
- Jede Pastete mit einer Erdbeere und gehackten Pistazien verzieren, den Deckel auflegen und servieren.

Zutaten für 4 Personen

400 g	Erdbeeren
1 EL	Zucker
100 ml	Marsala
1 EL	Puderzucker
200 g	Ricotta
100 ml	süße Sahne
3 EL	Erdbeermarmelade
4	Blätterteigpasteten (fertig gekauft)
1	Baiser
1 EL	gehackte Pistazien zum Verzieren

TIPP

Statt Ricotta kann man auch einen anderen Frischkäse verwenden.

Flambierte Erdbeeren

- Den Zucker in einer Pfanne erhitzen, bis er goldgelb ist, nicht braun
- Mit dem Rotwein ablöschen
- Die gewaschenen und entkelchten Erdbeeren darin erhitzen
- Das leicht erwärmte Kirschwasser darüber geben und flambieren
- Mit Mandelblättchen bestreut servieren.

Zutaten für 4 Personen

500 g	Erdbeeren
100 g	Zucker
100 ml	kräftiger Rotwein
50 ml	Kirschwasser
	Mandelblättchen zum Bestreuen

TIPP

Dazu passt hervorragend Vanilleeis. Für ein Hauptgericht kann man es auch zu Crêpes oder Kaiserschmarrn servieren.

Erdbeerparfait

- Die Erdbeeren waschen, entkelchen und fein pürieren (4 Stück als Dekoration zur Seite legen)
- Mit dem Honig etwa 5 - 6 Minuten kochen und dann vollständig auskühlen lassen
- Eigelb schaumig rühren und die Erdbeermasse unter ständigem Rühren löffelweise zugeben
- Sahne steif schlagen und die Baisers zerbröseln
- Beides unter die Erdbeermasse ziehen
- In 4 Förmchen füllen und 3 - 4 Stunden tiefkühlen
- Zum Servieren auf Teller stürzen und mit den ganzen Erdbeeren und den Minzeblättchen garnieren.

Zutaten für 4 Personen

250 g	Erdbeeren
4 EL	Honig
2	Eigelb
250 ml	Sahne
2	Baisers
	Minzeblättchen zum Garnieren

TIPP

Taucht man die Förmchen kurz in heißes Wasser, lassen sich die Parfaits besser stürzen.

Kuchen

Biskuitrolle mit Erdbeeren

Zutaten für den Teig

4	Eiweiß
125 g	Zucker
1 P	Vanillinzucker
75 g	Mehl
50 g	Stärkemehl
4	Eigelb

Zutaten für die Füllung

750 g	Erdbeeren
2-3 EL	Zucker
1/2 l	Sahne
2 P	Sahnesteif
2 P	Vanillinzucker

- Das Eiweiß schaumig schlagen
- Den Zucker und Vanillinzucker einrieseln lassen und weiter schlagen
- Dann die Eigelbe dazugeben und zum Schluss Mehl und Stärkemehl unterrühren
- Ein Backblech mit einem gefetteten Pergamentpapier belegen
- Den Teig auf das Pergamentpapier streichen
- Bei 200 °C 12 - 15 Minuten backen
- Den fertig gebackenen Biskuitboden auf ein mit Zucker bestreutes Küchentuch stürzen, das Papier anfeuchten und abziehen
- Den Boden mit dem Tuch aufrollen und abkühlen lassen
- Die Erdbeeren waschen, trockentupfen und entkelchen
- Einige Früchte zum Verzieren zur Seite legen, die restlichen vierteln und mit dem Zucker bestreuen
- Die Sahne mit dem Sahnesteif und dem Vanillinzucker sehr steif schlagen
- Die Hälfte der Sahne mit den Erdbeeren vermischen
- Den Biskuitboden vorsichtig auseinander rollen, die Erdbeer-Sahne-Mischung darauf verteilen und wieder aufrollen
- Von außen mit der restlichen Sahne bestreichen und mit Erdbeeren verzieren.

TIPP

Außerhalb der Erdbeersaison kann man die Biskuitrolle auch mit Erdbeermarmelade zubereiten.

Rot-weiße Sommertorte

Zutaten für den Teig (Ø 26 cm)

100 g	Mehl
1	Eigelb
25 g	Zucker
50 g	Marzipanrohmasse
60 g	Butter

Zutaten für die Füllung

250 g	Erdbeeren
9	Blatt weiße Gelatine
3	Blatt rote Gelatine
3	Eier
100 g	Zucker
500 g	Vanillejogurt
1	Becher Schlagsahne

Für die Verzierung

400 g	Erdbeeren
6	Blatt weiße Gelatine
60 g	Zucker
100 g	Crème fraîche

- Die Zutaten für den Teig verkneten und mindestens 30 Minuten kalt stellen
- Auf dem Boden einer gefetteten Springform ausrollen und mehrmals einstechen
- Im vorgeheizten Backofen bei 200 °C 15 - 20 Minuten backen, dann herausnehmen
- Erdbeeren für die Füllung waschen, entkelchen und pürieren
- Weiße und rote Gelatine getrennt einweichen
- Eier trennen und die Eigelbe mit 75 g Zucker schaumig schlagen
- Jogurt und aufgelöste weiße Gelatine unterrühren und etwa 10 Minuten kalt stellen
- Sahne und Eiweiß getrennt steif schlagen und beides unterheben
- Unter die Hälfte der Masse pürierte Erdbeeren, aufgelöste rote Gelatine und den restlichen Zucker rühren
- Kalt stellen, bis die Masse zu gelieren beginnt
- Die Füllungen in je einen Spritzbeutel füllen und mit der Lochtülle dichte Tupfen der Creme abwechselnd und in zwei Schichten auf den Tortenboden setzen
- 2 Stunden kalt stellen
- Die restlichen Erdbeeren waschen, entkelchen und pürieren
- Gelatine einweichen und auflösen und zusammen mit dem Zucker unter die Erdbeeren rühren
- Die Masse gleichmäßig auf der Torte verteilen
- Sofort die Crème fraîche kreisförmig darauf spritzen und ein Holzstäbchen so hindurch ziehen, dass ein Muster entsteht
- Die Torte vor dem Servieren noch etwa 1 - 2 Stunden kalt stellen.

TIPP

Die beiden Cremes dürfen beim Aufspritzen nicht zu flüssig sein, damit ein schönes rot-weißes Schachbrettmuster zustande kommt.

Quark-Erdbeer-Kuchen vom Blech

- Eier, Öl und Zucker schaumig rühren
- Mehl und Backpulver unterrühren
- Ein Backblech mit Backpapier belegen und den Teig darauf streichen
- Im vorgeheizten Ofen bei 175 °C (Umluft 150 °C) etwa 25 Minuten goldbraun backen
- Herausnehmen und abkühlen lassen
- In der Zwischenzeit den Pudding nach Packungsanweisung mit der Milch und dem Zucker zubereiten
- Etwas abkühlen lassen und den Quark unterrühren
- Erdbeeren waschen, entkelchen und halbieren
- Die Puddingmasse auf den Kuchenboden streichen und die Erdbeeren darauf verteilen
- Nach Geschmack mit Puderzucker bestreuen.

TIPP

Der Kuchen lässt sich auch mit Schokoladen-Rührteig zubereiten.

Zutaten für den Teig

6	Eier
6 EL	Öl
200 g	Zucker
250 g	Mehl
2 TL	Backpulver

Zutaten für den Belag

1 kg	Erdbeeren
250 g	Magerquark
1/2 l	Milch
2 EL	Zucker
1 P	Sahne- oder Vanillepudding
	Puderzucker zum Bestreuen

Getränke

Erdbeerlimes

Zutaten für 1 Liter	
0,25 l	Lime Juice
0,35 l	Wodka
0,4 l	Erdbeersaft aus frischen Erdbeeren (hierfür benötigt man etwa 500 g Erd beeren)
	Zucker nach Geschmack

- Die Erdbeeren im Mixer sehr fein pürieren. Es sollten keine Fruchtstückchen mehr vorhanden sein
- Lime Juice und Wodka hinzugeben und gründlich mixen
- Nach Geschmack mit etwas Zucker süßen. So lange weiter mixen, bis sich der Zucker vollständig aufgelöst hat
- In eine saubere vorbereitete Flasche füllen und im Kühlschrank aufbewahren.

TIPP

Erdbeerlimes lässt sich auch alternativ mit Gin zubereiten.

Erdbeermilch

Zutaten für 4 Gläser	
1/2 l	Milch
250 g	Erdbeeren
100 g	Zucker
1 P	Vanillinzucker
1	Spritzer Zitronensaft
	Eiswürfel

- Die Milch mit dem Zucker gut verrühren
- Die Erdbeeren waschen, abtropfen lassen, entkelchen und pürieren
- Zusammen mit dem Vanillinzucker und dem Zitronensaft in die gesüßte Milch einrühren
- Mit Eiswürfeln in hohen Gläsern servieren.

TIPP

Statt Milch kann man auch Buttermilch verwenden.

Adressen, Informationsstellen, Literatur

Bezugsquellen

Bundesverband deutscher Erdbeerzüchter und Erdbeervermehrer e.V.
Die Mitglieder sortiert nach PLZ:

- Rosmarie Kuntzsch
  Senga Sengana Plantagen
  Hauptstr. 48
  D-01471 Bärwalde
  Tel.: (03 52 08) 47 90

- In Vitro Service GmbH
  Albert-Drosihn-Str. 9
  D-06449 Aschersleben
  Tel.: (0 34 73) 29 13
  Fax: (0 34 73) 81 71 23

- Ingo Tolzien Grünanlagen + Blumenrabatten
  Plattenburger Str. 5
  D-19336 Bad Wilsnack
  Tel.: (03 87 91) 26 93

- Plantage Deutsch Evern
  Peter Stückrath
  Fritz-Reuter-Str. 34
  D-21407 Deutsch Evern
  Tel.: (0 41 31) 7 92 14

- Erdbeerhof Sengana
  Züchter Horst Unger
  Hamburger Str. 254
  D-22926 Ahrensburg
  Tel.: (0 41 02) 5 12 32

- Jürgen Schlüter
  Versandbaumschule
  Bahnhofstr. 5
  D-25335 Bokholt-Hanredder
  Tel.: (0 41 23) 90 38
  Fax: (0 41 23) 70 88

- Erdbeer-VOIGT
  Inh. P.F. Kollozek
  Waldstr. 23
  D-25335 Bokholt-Hanredder
  Tel.: (0 41 23) 22 13
  Fax: (0 41 23) 14 04

- Hulsebosch & Lau
  Sämerei, Blumenzwiebeln, Gartenbedarf
  Kieler Str. 141
  D-25474 Bönningstedt
  Tel.: (040) 5 56 62 41
  Fax: (040) 5 56 77 46

- Erdbeer-Petzoldt-Ahrenhold
  H. Ahrenhold
  Hildesheimer Str. 29
  D-31162 Bad Salzdetfurth
  Tel.: (0 50 64) 84 26
  Fax: (0 50 64) 84 27

- Spargel-Erdbeeren Springensguth
  Jörg Springensguth
  Rodenweg 36
  D-33415 Verl
  Tel.: (0 52 07) 7 77 72
  Fax: (0 52 07) 5 00 51

- Gustav Rosenbaum
  Erdbeervermehrungsbetrieb
  Wülfersche Str. 16
  D-33818 Leopoldshöhe
  Tel.: (0 52 22) 76 67

- Gartenbau Bauer
  Am Baunsberg 1
  D-34270 Schauenburg 1
  Tel.: (05 61) 49 35 19

- Erich Janssen
  Erdbeerkulturen
  Hammelweg 7a
  D-47546 Kalkar
  Tel.: (0 28 24) 23 44
  Fax: (0 28 24) 29 88

- Apfel- und Erdbeerplantagen
  Jürgen Meermann
  Am Dingholt 10
  D-48291 Telgte
  Tel.: (0 25 04) 54 48
  Fax: (0 25 04) 7 24 50

- Ahrens + Sieberz
  Großversand Gärtnerei
  D-53718 Siegburg
  Tel.: (0 22 42) 88 91 11
  Fax: (0 22 42) 88 91 88

- Hans-Walter Surma
  Erdbeerkulturen
  Ausserhalb 41
  D-64521 Groß-Gerau/Nord
  Tel.: (0 61 52) 24 23

- Reinhold Hummel GbR
  Erdbeerzucht/Gewebekulturlabor
  Köstlinstr. 121
  D-70499 Stuttgart(Weilimdorf)
  Tel.: (07 11) 86 00 83 12
  Fax: (07 11) 86 00 83 20

- Helmut Koffler
  Erdbeerplantagen
  Ettlinger Str. 217
  D-76448 Durmersheim
  Tel.: (0 72 45) 22 02
  Fax: (0 72 45) 8 33 99

- Bruno Vöhringer GbR
  Erdbeerpflanzen-Obstbäume
  Nelkenstr. 21
  D-88094 Oberteuringen-Hefighofen
  Tel.: (0 75 46) 92 91-0
  Fax: (0 75 46) 92 91-10

- Erdbeerhof Zehelein-Schemm
  Erdbeerpflanzen
  Ehe Nr. 10
  D-91456 Diespeck
  Tel.: (0 91 61) 97 41
  Fax: (0 91 61) 6 16 65

Weitere Bezugsadressen:

- Enderle Erdbeerland
  Triftstraße 111 (Münchfeldhof)
  D-76448 Dumersheim
  Tel.: (0 72 45) 37 03
  Fax: (0 72 45) 8 38 80

- Kraege
  Delsener Heide 36
  D-48291 Telgte
  Tel.: (0 25 04) 70 00 -0
  Fax: (0 25 04) 42 73

Adressen und Infos

Informationen über Erdbeersorten

- Bundessortenamt
  Postfach 61 04 40
  D-30604 Hannover
  Tel.: (05 11) 9 56 65
  Fax: (05 11) 56 33 62

Literatur

Bücher

- Bundessortenamt: Beschreibende Sortenliste Beerenobst 1995.
- Fischer, Manfred: Farbatlas Obstsorten. Verlag Eugen Ulmer 1995.
- Hausen, Monika Helmke: Die Botschaft der Früchte. Bauer 1998.
- Lehari, Gabriele: Früchte einkochen, kandieren, einlegen. Verlag Eugen Ulmer. 2. Auflage 2002.
- Mühl, Franz: Beerenobst und Wildfrüchte. Obst- und Gartenbauverlag 1996.
- Naumann, Wolf-Dietrich und Seipp, Dankwart: Erdbeeren. Grundlagen für Anbau und Vermarktung. Verlag Eugen Ulmer 1989.
- Souci, Siegfried W., Fachmann, W., Kraut, Heinrich: Die Zusammensetzung der Lebensmittel. Wiss. Verlagsgesellschaft Stuttgart.
- Ulmers Obst- und Gartenkalender. Verlag Eugen Ulmer.

Zeitschriften

- Obst & Garten, Herausgegeben vom Landesverband für Obstbau, Garten und Landschaft Baden-Württemberg e. V. (LOGL). Verlag Eugen Ulmer, Stuttgart.
- Der praktische Gartenratgeber. Obst- und Gartenbauverlag, München.

Die Deutsche Bibliothek – CIP-Einheitsaufnahme
Ein Titeldatensatz für diese Publikation ist bei Der Deutschen Bibliothek erhältlich.

Bildquellen
Helga Buchter-Weisbrodt: Seite 13 unten, 22, 24, 25, 27 links, 28, 29, 30, 31, 32 (2 Fotos), 40, 51
Firma Reinhold Hummel: Seite 27 rechts
Forschungsanstalt Geisenheim, Fachgebiet Phytomedizin: Seite 43
Kölner Zucker: Seite 59, Vignette mit Erdbeergeleeglas
Landesamt für Pflanzenschutz, Stuttgart: Seite 42
Landesversuchsanstalt für Wein- und Obstbau Weinsberg, Gerlach: Seite 26
Hans Reinhard: Seite 5, 6/7, 8, 9, 10, 13 oben, 14/15, 17, 19, 23, 36, 37 (2 Fotos), 38, 46, 47, 52, 54, 55, 58, Vignette Erdbeerengruppe, Vignette Erdbeerblätter
Bernd Schaefer: Seite 44, 45
Stockfood: Umschlag vorne und hinten (großes Bild)
Fridhelm Volk, Stuttgart: Seite 48/49, 56/57, 61, 65, 68, 71, 75, Vignette Teller mit Erdbeerknödel.
Zeichnungen: Kerstin Heß.

Wollgrasweg 41, 70599 Stuttgart
E-Mail: info@ulmer.de
Internet: www.ulmer.de
Printed in Germany

Lektorat: Ina Vetter, Anke Ruf

Covergestaltung und Layout:
CYCLUS · Visuelle Kommunikation
Herstellung und DTP:
CYCLUS · Media Produktion

Druck und Bindung:
Offizin Andersen Nexö, Zwenckau

ISBN: 3-8001-3822-0

Register

Anregungen zum Selbermachen.

Die Autorinnen erläutern in diesem Buch anschaulich, **welche Nahrungsmittel uns aus welchen Gründen körperlich und mental fit** halten.

Das Ergebnis überrascht: Fast alles ist erlaubt, doch auf die richtige Mischung kommt es an. Auch situations- und altersbezogene Akzente sind wichtig. Und plötzlich tut sich ein Spektrum an **gesunden Lebensmitteln** auf, die Sie in immer wieder neuen Kreationen **unbegrenzt genießen** können!

Die **Rezepte** erfahren Sie in diesem Buch.

Gesunde Ernährung. Wellness-Küche - Fun-Rezepte - Trink-Fahrplan. Mit Spezialrezepten für Schwangere, Kinder, Sportler und Senioren.

M. Riedmeier, M. Seefeld, 2001. 222 Seiten, 300 Farbfotos.

ISBN 3-8001-3213-3.

Inzwischen können Likörbereiter nach den fachmännischen Anleitungen dieses Buches aus den wohlschmeckenden Gewächsen des Gartens und des Feldes **gute Liköre selber machen**. Das ist ganz einfach und doch ist sorgfältig auf vielerlei zu achten, damit der Hausgemachte auch gut gelingt.

Dafür ist der „George" längst der bewährte Ratgeber geworden. Der Autor, ein erfahrener Destillateurmeister, erklärt, wie die Zutaten verarbeitet werden und wie ein guter Ansatz entsteht. Seine **36 Rezepte** sind **Anleitung und Anregung** zugleich.

Likörbereitung. Wissenswertes über Alkohol und alkoholische Getränke mit Rezeptbeispielen für die häusliche Zubereitung. H. George.

9., verb. Auflage 1996. 119 Seiten, 20 Farbfotos, 59 Zeichnungen.

ISBN 3-8001-6605-4.

Trocknen von Obst und Gemüse, lange Zeit fast in Vergessenheit geraten oder als veraltet betrachtet, ist die einfachste und ursprünglichste Methode der Konservierung. Dörren hat das ganze Jahr Saison und es ist **erstaunlich**, was man alles trocknen kann: Früchte, Gemüse, Kräuter, Körner, Pilze. Noch überraschender ist es, wie **vielfältig** die Verwendungsmöglichkeiten sind, die der Autor in den **Rezepten**, die jedoch nur Beispiele sein sollen, vorstellt. Da gibt es das traditionsreiche Hutzel- oder Kletzenbrot, köstliche Fruchtpasten, Gemüse für Suppen und Eintöpfe und Pilze zu aromatischem Würzpulver verarbeitet - alles dies als Anregung für eigene Versuche und Erfindungen.

Dörren. Früchte, Gemüse, Kräuter. A. Samwald. 3. Aufl. 1997. 126 Seiten, 61 Farbfotos.

ISBN 3-8001-6868-5.